国家规划重点图书

小型农田水利工程管理手册

机井
运行管理与维护

中国灌溉排水发展中心　组编

中国水利水电出版社
www.waterpub.com.cn
·北京·

内 容 提 要

《机井运行管理与维护》分册系《小型农田水利工程管理手册》之一。本分册针对机井工程管理工作要求，结合现行标准和各地机井运行管理实践经验编写，包括基础知识、机井巡查、启动与停机、机井观测、机井常见问题及排除、机电设备维修养护、机井安全管理与档案管理等主要内容。

本分册力求体现管理工作及管理人员的特点，原理简明，注重实用，主要供基层水利工程管理单位、用水服务组织等技术人员日常管理维护以及技能培训使用，也可供其他从事水利工作的技术人员及大中专学校相关专业师生参考。

图书在版编目（CIP）数据

机井运行管理与维护 / 中国灌溉排水发展中心组编. -- 北京 : 中国水利水电出版社, 2022.2
（小型农田水利工程管理手册）
ISBN 978-7-5226-0491-6

Ⅰ. ①机… Ⅱ. ①中… Ⅲ. ①机井－水利工程管理－手册 Ⅳ. ①TU991.12-62

中国版本图书馆CIP数据核字(2022)第026581号

书　　名	小型农田水利工程管理手册 **机井运行管理与维护** JIJING YUNXING GUANLI YU WEIHU
作　　者	中国灌溉排水发展中心　组编
出版发行	中国水利水电出版社 （北京市海淀区玉渊潭南路 1 号 D 座　100038） 网址：www.waterpub.com.cn E-mail：sales@mwr.gov.cn 电话：(010) 68545888（营销中心）
经　　售	北京科水图书销售有限公司 电话：(010) 68545874、63202643 全国各地新华书店和相关出版物销售网点
排　　版	中国水利水电出版社微机排版中心
印　　刷	天津嘉恒印务有限公司
规　　格	170mm×240mm　16 开本　4.25 印张　72 千字
版　　次	2022 年 2 月第 1 版　2022 年 2 月第 1 次印刷
印　　数	0001—3000 册
定　　价	**28.00** 元

《小型农田水利工程管理手册》

主　　编：赵乐诗

副 主 编：刘云波　冯保清　陈华堂

《机井运行管理与维护》分册

主　　编：张立新　王福田

参编人员：李景波　陈吉星

主　　审：李英能

前言

水利是农业的命脉。自中华人民共和国成立以来，经过几十年的大规模建设，我国累计建成各类小型农田水利工程2000多万处，这些小型农田水利工程与大中型水利工程一起，形成了有效防御旱涝灾害的灌溉排涝工程体系，保障了国家粮食安全，取得了以占世界6%的可更新水资源和9%的耕地，养活占世界22%人口的辉煌业绩。

2011年《中共中央　国务院关于加快水利改革发展的决定》颁布以来，全国水利建设进入了一个前所未有的大好时期，中央及地方各级人民政府进一步完善支持政策，加大资金投入，推进机制创新，聚焦农田水利“最后一公里”，着力疏通田间地头“毛细血管”，小型农田水利建设步伐明显加快、工程网络更加完善，防灾减灾能力、使用方便程度和现代化水平不断提高，迎来了新的发展阶段。站在新的起点上，加强工程管护、巩固建设成果，保证工程长期发挥效益成为当前和今后农田水利发展的主旋律。

根据当前小型农田水利发展的新形势和工作实际需要，在水利部农村水利水电司的指导下，中国灌溉排水发展中心组织相关高等院校、科研院所、管理单位的专家学者，总结提炼多年来小型农田水利工程管理经验，编写了《小型农田水利工程管理手册》（以下简称《手册》）。《手册》涵盖了小型灌排渠道与建筑物、小型堰闸、机井、小型泵站、高效节水灌溉工程、雨水集蓄灌溉工程等小型农田水利工程。

《手册》以现行技术规范和成熟管理经验为依据，将技术要求具体化、规范化，将成熟经验实操化，突出了系统性、规范性、实用性。在内容与形式上尽可能贴近生产实际，力求简洁明了，使基层管理人员看得懂、用得上、做得到，可满足基层水利工程管理单位与用水服务组织技术人员日常管理、维护及技能培训需要，也可供其他从事水利工作的技术人员及大中专学校相关专业师生参考。《手册》对提高基层水利队伍专业水平，加强小型农田水利工程管理，推进农田水利事业健康发展，可以提供有力的支撑作用。

《手册》由赵乐诗任主编，刘云波、冯保清、陈华堂任副主编；顾斌杰在《手册》谋划、组织、协调等方面倾注了大量心血，王欢、王国仪在《手册》编写过程中给予诸多指导与帮助；冯保清负责《手册》整体统筹与统稿工作，崔静负责具体组织工作。

◇◇◇◇◇◇◇◇◇◇◇◇◇◇◇◇◇◇◇◇◇◇◇◇◇◇◇◇◇◇◇◇◇◇◇◇

机井灌溉是农业主要灌溉形式之一，在北方平原地区应用广泛，尤其在山东、河南、河北分布较为集中。由于部分机井建设年代久远，工程建设标准不高，管理水平较低，经过多年运行，出现了设备老化、带病运行、能耗过大、水泵效率低等现象，极大影响机井效益发挥。为加强机井工程管理，确保工程安全，满足用户用水需要，更好地发挥机井效益，特编写《机井运行管理与维护》分册（以下简称《机井分册》）。

《机井分册》主要以基层机井管理人员为主要读者对象，较为系统地介绍机井巡查、启动与停机、机井观测、机井常见问题及排除、机电设备维修养护、机井安全管理与档案管理等内容。

《机井分册》由张立新、王福田主编，李景波、陈吉星参编，李龙昌指导编写工作，李英能主审。

《机井分册》在编写过程中，参考了许多文献资料，特向有关作者致以诚挚谢意。同时，在编写过程中得到山东、河南、河北等3省水利厅，山东省济宁市兖州区、河南省柘城县、河北省正定县等3县（区）水利局以及有关单位和技术人员的大力支持，在此一并致谢！由于时间仓促和水平所限，本书难免存在疏漏，恳请批评指正。

编者

2021年11月

目录

前言

第一章　基础知识 …… 1

一、定义 …… 1

二、机井分类 …… 2

三、机井组成 …… 3

四、水泵泵型 …… 3

五、动力设备 …… 4

六、机井管理一般要求 …… 5

第二章　机井巡查 …… 7

一、日常巡查 …… 7

二、机井运行过程中的巡查 …… 8

第三章　启动与停机 …… 9

一、运行前的准备工作 …… 9

二、启动与停机 …… 9

第四章　机井观测 …… 12

一、机井水位观测 …… 12

二、机井出水量观测 …… 13

三、机井出水含砂量观测 …… 13

四、水质观测 …… 15

第五章　机井常见问题及排除 …… 17

一、机井损坏表象及原因分析 …… 17

二、机井修复内容与方法 …… 19

三、报废机井的处理 …… 34

第六章　机电设备维修养护 …… 36

一、潜水泵 …… 36

二、离心泵 …………………………………………………………………… 38
三、深井泵 …………………………………………………………………… 41
四、柴油发电机组 …………………………………………………………… 43
五、柴油机 …………………………………………………………………… 46
六、控制柜 …………………………………………………………………… 54
第七章　机井安全管理与档案管理 …………………………………… 56
一、机井安全管理 …………………………………………………………… 56
二、机井档案管理 …………………………………………………………… 57
参考文献 ……………………………………………………………………… 58

第一章 基础知识

一、定义

1. 机井

利用动力机械驱动水泵连续提水的水井。

2. 井管

井壁管、过滤管和沉淀管的总称。

3. 井壁管

支撑和封闭井壁的无孔管。

4. 沉淀管

井底部用以沉积井内砂粒和沉淀物的无孔管。

5. 过滤器

位于开采段，起过滤水、挡砂和护壁作用的装置。

6. 过滤管

缠丝过滤器和填砾过滤器的骨架管。单独使用时，亦称过滤器。

7. 滤料

充填于过滤管与井壁环状间隙中有一定规格要求的圆粒物质。

8. 填砾过滤器

过滤管外周围充填某种规格滤料的过滤器。

9. 缠丝过滤器

缠绕某种规格线材，具有一定孔隙率的过滤器。

10. 含水层

能导水的饱水岩土层。

11. 隔水层

一般指透水性极弱的岩层。

12. 完整井

贯穿含水层厚度，井底坐落在隔水层上的水井。

13. 非完整井

穿过含水层部分厚度，井底坐落在含水层中的水井。

14. 井身结构

井径、井段和井深的总称。

15. 井径

井身横断面的直径。

16. 机井静水位

开机抽水前的机井水面标高。

17. 机井动水位

开机抽水时，机井水面随抽水时间下降，这个变化的水面标高称动水位。

在水泵出水量相对稳定、水面降到某一深度便稳定下来不再下降时的水面标高称稳定动水位。通常说的动水位是指稳定动水位。

18. 机井出水量

单位时间内机井利用动力机械驱动水泵连续抽水的出水量。

19. 机井出水含砂量

机井抽取单位水量中砂子的含量，一般用体积比来表示。

二、机井分类

1. 按机井直径分类

《机井技术规范》（GB/T 50625—2010）将常用的水井归纳为管井、大口井和辐射井三类。井较深、井径较小，由井口、井壁管、过滤器及沉淀管组成的水井，称为管井；井径大于 2m 的水井，称为大口井；设有辐射管（孔）以增加出水量的水井，称为辐射井。

2. 按机井深度分类

深度小于 100m 的机井称为浅井；深度在 100～200m 之间的机井称为中深井；深度大于 200m 的机井称为深井；深度超过 1000m 的机井称为超深井。

3. 按井底坐落位置分类

打穿一个或几个含水层，井底坐落在不透水的隔水层上，取用整个含水层中水的水井，称为完整井；不打穿整个含水层，将井底坐落在含水层中间的水井称为非完整井。

4. 按使用材料分类

有无砂混凝土管井、混凝土管井、钢筋混凝土管井、钢管井、铸铁管井、塑料管井等。

三、机井组成

机井一般由水井、水泵、动力机、输水管道、输变电设备、控制与量测设备、井台、井房、出水池、防护设施等结构组成。机井结构示意图见图1-1。

机井工程属于小型水源工程，通过配套动力设备驱动水泵提取地下水，用于农田灌溉和工业、生活供水。其中，井台、井盖、井房、出水池、防护设施等称为护井工程。

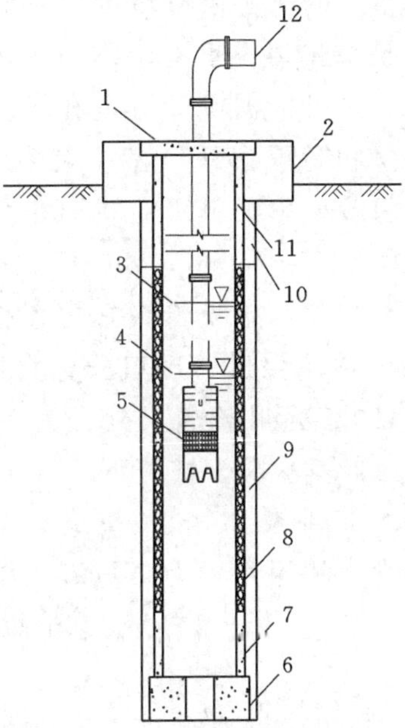

图1-1 机井结构示意图

1—井盖；2—井台；3—静水位；4—动水位；5—水泵机组；6—井盘；7—沉淀管；8—滤水管；9—滤料填充位置；10—黏土封闭位置；11—井壁管；12—出水口

四、水泵泵型

目前，我国北方地区的机井一般配套潜水泵或深井泵，在南方地下水埋深较浅的地方，也有配套离心泵的情况。

1. 井用潜水泵

井用潜水泵是电机与水泵直联一体潜入清水中工作的提水工具，具有结构简单、体积小、重量轻、移动灵活、安装维修方便、运转安全可靠、高效节能等特点。

井用潜水泵型号为150 QJ5-100/14的字母代号说明：

150表示适用的最小井径是150mm；

QJ表示井用潜水泵；

5 表示泵的额定流量为 $5m^3/h$；

100 表示泵的设计扬程为 100m；

14 表示叶轮级数为 14。

2. 离心泵

常用的离心泵有单吸单级和单吸多级两种型号。SLS 型单吸单级立式离心泵泵体结构紧凑、体积小、外形美观、运行平稳、无渗漏、安装维修方便，并可根据设计流量和扬程的要求，采用并联、串联方法，增加所需的流量和扬程。SLD 型单吸多级离心泵是常规产品的新颖立式离心泵。

SLS 型单吸单级立式离心泵型号为 SLS80－160（I）A(B）的字母代号说明：

SLS 表示单吸单级立式离心泵；

80 表示泵进、出口公称直径为 80mm；

160 表示叶轮名义外径为 160mm；

(I）表示属于扩流型；A(B）表示叶轮第一次（第二次）切割。

3. 深井泵

常用的深井泵为泵与电动机垂直组合为一体，在地面通过电缆使电动机与电源接通，驱动水泵叶轮旋转。一般采用密闭式充水湿式结构电动机。

HD 型深井泵型号为 HD12－60－2.2 的字母代号说明：

HD 表示深井泵；

12 表示额定流量为 $12m^3/h$；

60 表示设计扬程为 60m；

2.2 表示额定功率为 2.2kW。

五、动力设备

1. 电动机

普通电动机一般为封闭自扇冷式笼型三相异步电动机。该系列电动机具有高效、节能、起动转矩高、噪声低、振动小、运行安全可靠等特点。

Y 型三相异步电动机型号为 Y132S2－2 的字母代号说明：

Y 表示异步电动机；

132 表示中心高为 132mm；

S2 中的 S 表示短机座（中机座、长机座的代号分别为 M、L)、S2 中的 2 表示第 2 种铁芯长度；2 表示极数，是一台 2 极电动机。

2. 柴油机

柴油机是内燃机的一种，是将燃料在发动机的气缸内部燃烧，产生的高温、高压的燃气，在气缸中膨胀做功，输出功率。

根据《内燃机产品名称和型号编制规则》(GB/T 725—2008)，内燃机产品名称按所采用的燃料命名。柴油机的型号由四部分组成：第一部分由制造商代号或系列符号组成；第二部分由气缸数、气缸布置形式符号、冲程形式符号、缸径符号组成；第三部分由结构特征符号、用途特征符号组成；第四部分为区分符号。其中，第二部分规定的符号必须按规范要求表示，第一、第三、第四部分符号允许制造商根据具体情况增减。

普通柴油机型号为 R175A 的字母代号说明：

R 表示系列代号；

1 表示缸数为 1 缸、四冲程、冷却液冷却的机型（型号中无冲程形式符号和结构特征符号，表示该柴油机为四冲程、冷却液冷却的机型)；

75 表示缸径为 75mm；

A 为区分代号。

六、机井管理一般要求

(1) 建立健全机井管理机构与组织，实行机井管理责任制，建立机井管理有关规章制度。

(2) 建立机井技术档案，逐井填写机井技术档案卡片，一式三份，分别存县、乡、村机井管理单位，以备查考。

(3) 实行机泵人员三固定。

1) 水泵固定。根据机井出水量和静水位的变化情况，选用适宜的水泵，经过一段使用后，如无异常现象，就应将水泵固定在井上使用，不要轻易更换或变动。

2) 动力机固定。已经安装好并配套了的动力机，经过运转，其功率与水泵的功率相适应后，不要轻易更换或变动。

3) 操作人员固定。

(4) 机井使用应有专人负责，严格按操作规程做好开机前的检查准备工作，根据实际情况填写开机记录。

(5) 机井运行期间，应做好机井出水量、出水含砂量和动水位的观察与观测，同时注意观察水泵、动力机的工作状况，认真填写运行记录。

(6) 机井运行结束后，应记录本期的机井供水量、能源消耗量、灌溉面积、水费等情况，评价机井运行状况。

(7) 机井停用期间，应加强机井工程的巡察工作，做到井台规整、井盖上井、井房整洁、线路畅通、设备完好，并定期进行养护性抽水，保证机井能够正常运行。

(8) 每 2 年应进行一次水质分析，掌握水井的水质变化和有无被污染的情况。

(9) 每年应定期对机泵进行全面的检修和保养。正常运行情况下，一般要求井泵在累计运行 1000h 后小修一次，2000h 后大修一次；而对电动机和柴油机，则应半年小修一次，一年大修一次。

(10) 定期对机井进行普查，对可修复的病井、坏井、淤积井，要组织力量及时进行修复；对确实损坏严重或已干涸、无法修复使用的机井，应申请报废，但必须经有关部门鉴定、审批与备案；批准报废的机井，应及时进行回填或封堵，并将井台、井房、出水池、机泵、输变电设备、监测设备与防护设施等拆除，搬离现场。

(11) 擅自拆除、破坏机井及附属设施的单位和个人，应赔偿全部损失，并负责恢复原状；构成犯罪的，应依法追究刑事责任。

第二章

机井巡查

一、日常巡查

机井工程是北方地区农田灌溉的主要水源工程之一，要更好地发挥作用，日常管护非常重要。机井管护人员应经常对机井工程进行巡查，及时发现和解决机井工程存在的问题，保证机井能够正常运行。

机井工程日常巡察主要包括以下内容：

1. 井房

井房是主要的护井工程，起着保护机井及配套的机电设备、监测设备，便于机井维修等作用。在巡查时，主要查看井房的门窗是否损坏、墙壁是否损坏、房顶是否漏雨等情况。如果存在上述问题，应及时修复或更换。

2. 井台、井盖

井台一般为混凝土结构，应高出地面和井管的上端面，能够防止雨水、污水流入井内污染地下水；井盖有金属和钢筋混凝土两种结构，起着保护机井、机泵和人畜安全的作用。在巡查时，应主要查看井台是否有明显的沉陷、是否有断裂或严重破损、井盖是否有严重破损或丢失。如果存在上述问题，应及时修复、配置。

3. 机泵

机井配套的水泵和动力机械，是提取地下水的关键设备，一般都固定在机井上。在巡查时，主要查看水泵和动力设备有无丢失或损坏、水泵电缆线是否完好、输水管是否有损坏情况，如果存在上述问题，应及时修复、更换。

4. 输变电设施

输变电设施是机井配套的重要设施，一般包括变压器、输电线路、配电盘、电表等，为提水设备提供电力供应。在巡查时，应主要查看变压器、配电盘、电表是否丢失，输电线路有无折断或漏电、短路甚至丢失等情况。如果存在上述情况，应及时寻找、修复或购置。

5. 其他护井工程

其他护井工程一般包括井堡、井池等，这些工程主要用于保护井口、安放配电盘等，对于机井的正常运行起着重要作用。在巡查时，应主要查看井堡、井池是否损坏，配电盘是否丢失，电缆线连接是否正常等，如果存在上述情况，应及时寻找、修复或购置。

二、机井运行过程中的巡查

在机井运行期间，机井管护人员应随时观察机井的出水情况，当发现机井出浑水、出水量减小或不出水等异常现象时，必须立即停止抽水，联系机井专业维修人员，仔细检查确定原因后，采取合理措施予以修复。

第三章

启动与停机

一、运行前的准备工作

为保证机井的正常安全运行，水泵启动前应做好以下准备工作：

（1）井台、井盖等护井工程无丢失、损坏。

（2）井内无秸秆、树枝、衣服等杂物。

（3）输电线路完好无破损、短路现象。

（4）泵管无破损、漏水情况，水泵与泵管连接牢靠。

（5）水泵电机的动力线无破损、漏电情况。

（6）水泵配套电缆线的接线正确。

（7）水泵等机电设备固定安全牢靠。

（8）变压器高压端跌落开关已闭合。

（9）取电卡已充值。

二、启动与停机

（一）潜水泵

1. 潜水泵的启动

（1）为了保证潜水泵运转稳定及减小启动负荷，启动时应把出口闸阀关至 3/4 处（留 1/4 气隙，以便放气），待水泵启动出水后再缓缓打开闸阀。

（2）潜水泵启动完毕开始运转后，应加强监护，随时观测水位或水量的变化，保证水泵进水口处于动水位 1m 以下的位置。

(3) 潜水泵安装后第一次投入运行，5h 后应停机，用 500V 兆欧表迅速测量电机绕组之间及绕组与地之间的绝缘电阻，其值在不低于 0.5MΩ 时才能继续使用。

(4) 潜水泵停机后重新启动的时间间隔应在 20min 以上。

(5) 有下列情况之一的，应立即停机。

1) 潜水泵的工作电流忽然高出电机额定电流。

2) 出水量不正常，间隙性出水，含砂量加大。

3) 电机绝缘电阻低于 0.5MΩ。

4) 机组有明显噪声、震动加剧。

5) 电网电压不足，低于额定电压 5%。

6) 保险丝烧坏一相。

7) 输水管路损坏。

2. 潜水泵停机

潜水泵停机前，为防止水的倒流，在切断电源的同时要关闭阀门。

(二) 离心泵

1. 离心泵启动

(1) 检查离心泵管路及结合处有无松动现象，泵轴转动是否灵活。如有问题应查找原因排除故障。

(2) 观察油位是否在油标的中心线处，不足时应及时更换或补充润滑油，向轴承体内加入轴承润滑机油。

(3) 拧下离心泵泵体的引水螺塞，灌注引水。

(4) 关闭出水管路的闸阀和出口压力表。

(5) 点动电机，确保电机转向正确。

(6) 开动电机，当离心泵正常运转后，打开出口压力表，视其显示出适当压力后，逐渐打开闸阀，同时检查电机负荷情况。

(7) 离心泵在运行过程中，轴承温度不能超过外界环境温度以上 35℃。

(8) 如发现离心泵有异常声音应立即停车检查原因。

2. 离心泵停泵

离心泵要停止使用时，应先关闭闸阀、压力表，然后停止电机。

（三）深井泵

1. 深井泵启动

（1）若是全压启动，则要将启动补偿器手柄一推到底，以免接触不良；若是降压启动，应先将启动补偿器手柄推到“启动”位置，当电机转速和电流值接近额定值时（约15～20s）迅速将手柄推到“运转”位置。

（2）启动时间不能太长，以免电机发热烧毁，两次启动时间相隔3～5min。

（3）电动机冷态启动，不能连续启动三次。在接近允许温度状态下，不能启动，待冷却至常温后再启动。

（4）如果启动阻力过大启动不起，可将补偿器电压调高一级（由70%提高为80%的启动电压）重新启动。

（5）启动时应听机组声音，观察电流的变化、填料的滴水、机组的振动等，若有异常应停机检查。

（6）缓慢打开出水阀，注意电流和水流量的变化，控制电流不超过额定值。

2. 深井泵停泵

（1）停泵前如发现水中含砂较多，则不能停泵，待水变清后再停泵，以免造成停泵后的砂粒沉积卡死叶轮，影响下次启动。

（2）停泵时应先逐渐关小出水阀，然后停泵，可防止水锤。使用补偿器启动的应先停补偿器，再切断电源。

（3）遥控停泵要注意应从仪表观测机泵是否真的停下，如果停不下来，应尽快派人到现场拉闸停机，再检查停不了机的原因。

（4）停泵后应检查出水阀、止回阀是否关严，有无漏水现象，发现问题应立即处理。

（5）长期停止使用的深井泵每周应开半小时，以防止生锈。

第四章

机井观测

机井工程的观测是机井管理的一项重要管理工作，通过对机井出水量、出水含砂量、水位、水质的观测，可以及时发现和解决机井工程存在的问题，保证机井正常运行。鉴于目前机井的管理现状，县级水行政主管部门应发挥主导作用，加强地下水的水位、水质的日常监测，宏观指导地下水的合理开发利用；经济发达地区，机井管护人员应按照下面的观测内容和要求进行日常观测；其他地区，机井管护人员可通过感官掌握机井的出水量、含砂量、水质等信息，为机井维修养护提供依据。

一、机井水位观测

1. 观测的重要性

机井的水位包括静水位和动水位。这两个水位是机井选配机泵的重要参数。当机井的静水位、动水位及其差值异常增大时，一般原因为机井渗水量减少或者使用的水泵与机井不配套。如果继续抽水，可能使水泵脱离高效工作区造成能源浪费，或者增加机井的出水含砂量造成井孔坍塌、机井淤积，甚至出现机井间歇性出水或者不出水的情况，从而影响机井灌溉效益的正常发挥。

2. 观测要求

每次抽水前后，一定要测定机井的静水位和动水位，并准确填写运行观测记录表（表 4 - 1），以比较静水位、动水位有无异常现象。静水位在开机前测量，动水位在机井运行稳定（浅井一般在开机后 10min，中深井一般在开机后 30min）后测量。

3. 观测方法

一般可采用钢卷尺、测绳、导线等测具进行人工测量，测量两次，取其平均值作为水位测量值。有条件的机井可安装水位计测量水位。

测具的精度必须符合国家计量检定规程允许的误差规定。

4. 问题判定

一般情况下，非承压机井，其静水位与动水位的最大差值不得超过1/2井内水深（当井底无砂时为静水位至井底的深度，当井底有沉砂时为静水位至井底沉砂面的深度）；对于承压机井，其静水位与动水位的最大差值不得超过1/2～2/3井内水深。否则，应当及时报告，对机井采取相应的检修措施。

二、机井出水量观测

1. 观测的重要性

机井出水量决定着单井控制灌溉面积，是井灌区规划设计的重要参数；如果机井出水量与设计值相差较大，将影响其灌溉效益的正常发挥，影响农作物的适时灌溉，从而造成农作物的减产。

2. 观测要求

每次抽水时（等出水稳定后），应测定机井的出水流量，并准确记入运行观测记录表（表4-1）中，以比较出水量有无异常现象。

3. 观测方法

一般可用水表法测量机井的出水量。在出水量稳定（浅井一般在开机后10min，中深井一般在开机后30min）后读取水表数据。水表应按要求进行定期检定。无安装水表条件时，也可采用目测的方法估算出水量。

4. 问题判定

根据井灌区多年的建设管理经验，机井的出水量不得低于机井成井验收时出水量的60%。一般情况下，当机井的出水量减少到成井验收时出水量的80%左右，就应当及时报告，对机井采取相应的检修措施。

三、机井出水含砂量观测

1. 观测的重要性

机井出水含砂量异常增大，可能造成井孔坍塌、机井淤积、井泵叶轮及泵管严重磨损等现象，缩短机井和配套井泵的使用寿命，减少机井的正常出水量，影响机井灌溉效益的正常发挥。

表 4－1　　**机井运行观测记录表**

机井编号：　　填表人：　　填表日期：

<table>
<tr><th>观测内容</th><th colspan="3">设计值</th><th colspan="3">实测值</th><th colspan="4">问题判别</th><th rowspan="2">是否报告</th></tr>
<tr><td rowspan="2">水位</td><td>机井深度/m</td><td>静水位/m</td><td>动水位/m</td><td>机井深度/m</td><td>静水位/m</td><td>动水位/m</td><td>实测水位降深/m</td><td>＞（或＜、＝）</td><td>1/2 井内水深/m</td><td>是否存在问题</td></tr>
<tr><td></td><td></td><td></td><td></td><td></td><td></td><td></td><td></td><td></td><td></td><td></td></tr>
<tr><td rowspan="2">水量</td><td colspan="3">成井验收机井出水量/(m^3/s)</td><td colspan="3">机井出水量/(m^3/s)</td><td>实测机井出水量与成井验收机井出水量的百分比</td><td></td><td>判别值</td><td></td><td></td></tr>
<tr><td colspan="3"></td><td colspan="3"></td><td></td><td></td><td>80％</td><td></td><td></td></tr>
<tr><td rowspan="2">含砂量</td><td colspan="3">成井验收机井出水含砂量（体积比）</td><td colspan="3">机井出水含砂量（体积比）</td><td>实测机井出水含砂量与成井验收机井出水含砂量的百分比</td><td></td><td>判别值</td><td></td><td></td></tr>
<tr><td colspan="3"></td><td colspan="3"></td><td></td><td></td><td>110％</td><td></td><td></td></tr>
</table>

填表说明： 1. 水位：当实测水位降深大于 1/2 井内水深时，存在问题，应报告。

2. 水量：当实测机井出水量与成井验收机井出水量的百分比小于 80％时，存在问题，应报告。

3. 当实测机井出水含砂量与成井验收机井出水含砂量的百分比大于 110％时，存在问题，应报告。

2. 观测要求

在不同灌水季节（汛期、非汛期），应按规定要求采集水样，以查明其出水含砂量的变化，比较出水含砂量有无异常现象，并准确填写运行观测记录表（表 4－1）。

3. 观测方法

机井出水含砂量一般用采取水样的砂与水的体积比表示。常用称量的方法观测机井出水含砂量：在出水量稳定（浅井一般在开机后 10min，中深井一般在开机后 30min）后，用量筒取 3 组水样，配合天平称量，得到出水含砂量数据，取其平均值作为观测的机井出水含砂量。无称量条件时，也可采用目测的方法估算出水含砂量。

测具的精度必须符合国家计量检定规程允许的误差规定。

4. 问题判定

《机井技术规范》（GB/T 50625—2010）规定：成井验收时，生活用水和工业用水的机井出水含砂量（体积比）一般应小于 1/200000，灌溉用水的机井出水含砂量，中、细砂含水层不得超过 1/20000，粗砂、砾石、卵石含水层不得超过 1/50000。一般情况下，机井出水含砂量不得超过成井验收时出水含砂量的 10%；否则，应当及时报告，对机井采取相应的检修措施。当观测到机井出浑水时，应立即停泵并报告，对机井采取检修措施。

四、水质观测

1. 观测的重要性

灌溉水质的优劣，直接影响着农作物的产量和品质，对灌溉水质进行观测，可以及时掌握周边三废污染源对地下水源的污染动态，及时消除各种污染可能对地下水构成的威胁。

2. 观测要求

每 2 年应采集水样一次，以便在水质分析中能阶段性地掌握水井的水质变化，检查有无被污染的情况。

3. 观测方法

采集水样的存放、运送、编号和送样单的填写、分析记载表和测具检定等要求，均应按现行国家有关规定执行。水质检测单位应具备相应资质。

4. 问题判定

按照规范要求，灌溉用水水质应符合现行国家标准《农田灌溉水质标准》（GB 5084）的有关规定；生活用水水质应符合现行国家标准《生活饮用水卫生标准》（GB 5749）的有关规定；工业用水水质应符合国家现行有关工业生产用水标准的规定。如果水质化验指标出现异常，应及时报告环保部门，采取防治措施。

第五章

机井常见问题及排除

机井是我国北方地区的一项重要农田灌溉和人畜饮水的水利设施，是发展农业生产的重要物质基础，也是国家和人民的宝贵财富。各级水利部门和受益乡（镇）、村组，一定要管好、用好机井，减少损坏，延长使用年限，降低成本，充分发挥效益。

一、机井损坏表象及原因分析

1. 机井损坏表象

（1）排除机泵原因，机井出水量明显减少或不出水，出水量减少到成井验收时出水量的80%以下。

（2）机井出水出现混浊，出水含砂量超过成井验收时出水含砂量的10%。

（3）机井动静水位变化明显。非承压机井，其静水位与动水位的最大差值超过1/2井内水深；承压机井，其静水位与动水位的最大差值超过1/2～2/3井内水深。

（4）机井井台出现塌陷现象。

（5）井泵安装遇到卡泵或达不到设计安装深度。

（6）井泵叶轮及泵管严重磨损。

2. 机井损坏原因分析

（1）机井淤积原因分析。

1）钻孔不垂直，造成井管偏心，导致回填滤料厚度不均匀，造成井淤，井孔不垂直还可造成井管管口错位、发生涌砂，致使机井因淤积而报废。

2）滤料的骨料粒径与含水层粒径比例不当，如粉细砂层用较大粒径的滤水骨料或砂砾层用较小粒径的滤水骨料，均可导致机井少出水或出水中含砂过多。

3）回填不合格、不规则的滤料，如用窖渣、砖头等作为填料，因其滤水性能较差、粒径大小不均，失去防淤、增水作用，或者对非完整井未作好井底反滤层，使机井失去防淤、增水作用，导致机井喷砂、形成淤淀。

4）机井建成投入使用后，没有及时修建井房、井台，加设井盖等防护措施。由于井口过低，汛期大量雨水携带泥沙流进井内，造成机井淤积。

5）由于正常抽水时允许有一定的细颗粒通过井管回排入井内，这部分细颗粒部分被抽走，部分沉淀于井内，时间长了，井被淤塞，井的出水量随之减少。

6）当洪水淹没机井时，水中夹带的悬浮颗粒沉积于井内，从而使机井淤积，严重时会将机井淤平。

7）使用大功率水泵抽水时，短时间内动静水位落差过大，使井壁外水压力过大，淘刷井管，造成井管破损，漏滤料、涌砂，直至淤积。

8）井壁管坏损，井壁管外泥沙由井壁管坏损位置进入井内，造成井淤。

9）装卸深井泵或潜水泵时，由于不慎，使泵体或叶轮碰撞井管壁，造成井管破损，漏滤料、涌砂，直至淤积。

（2）井管损坏。

1）井孔未钻至黏土隔水层上，下管前没有清理井孔，或因井管未下至孔底，致使部分井管沉陷脱节。

2）井管质量差，接头处理不当。

3）井斜和扶正器过薄，井管下不到井孔中央，造成接头错动或管外填砾不均。

4）井管抗压强度小于井管外土层施加给它的压力，造成井管变形或破碎坏损。

5）井孔不直，井管不圆，绑扎不牢，抽水后井管连接处发生裂缝。

6）由于孔径小，填砾层厚度不足，或因填砾时过急过快，填砾不实，时造成井内沉砂过多，井管外填料移动，孔壁形成空洞坍塌，致使井管错口、破裂。

7）装卸深井泵时，碰破井管。

8）处理机井淤淀、卡堵井管事故时，不慎将井管碰破或捣破。

（3）过滤器腐蚀、堵塞。

机井滤水管堵塞的原因：由于洗井不彻底、泥皮未清除干净等引起的滤水管堵塞；由于地下水中含侵蚀性CO_2较多引起的多孔混凝土滤水管和铸铁滤水管的化学堵塞。

（4）机井遗物卡井。

1）机井使用期间，吸水笼头被掉进的砖头卡住，当猛力提升胶管时，笼头失落，堵塞井管。

2）拆卸安装或维修水泵时，由于设备和操作不当，发生水泵、水泵底阀掉井事故，堵塞井管。

3）机井管护不当，人为丢进石块、砖头等杂物，发生卡井。

二、机井修复内容与方法

1. 机井损坏部位检测

机井损坏部位检测一般有井下电视和井漏仪两种仪器。

（1）井下电视检测。

井下电视与普通的工业监视电视是一样的，只是其摄像部分体积较小，能放入井中，有小巧的照明光源和足够的耐压与绝缘性能，以免受井水压力与潮湿的影响。井下电视是感光的，只能在清水孔中应用，对于泥浆钻孔则要使用井下声波电视。

利用井下电视可以准确地发现破损部位及其原因，以便及时采取措施。对于清水的基岩孔，可以通过电视观察井壁的岩性、裂隙、节理等情况；也可以发现被钻探遗漏的薄层、夹层，以补充岩心的不足。

（2）井漏仪测试。

采用井漏仪可测出井内水的视电阻率的反差数据，根据其数据变化确定井管坏损位置。

2. 机井清淤的常用方法

（1）掏砂洗井清淤法。

1）用掏砂管清淤。掏砂管类似冲击钻机所配的掏泥筒，它是用钢板卷成或钢管制成，直径100mm、长约1.5～2.0m的提筒，上部联接提引

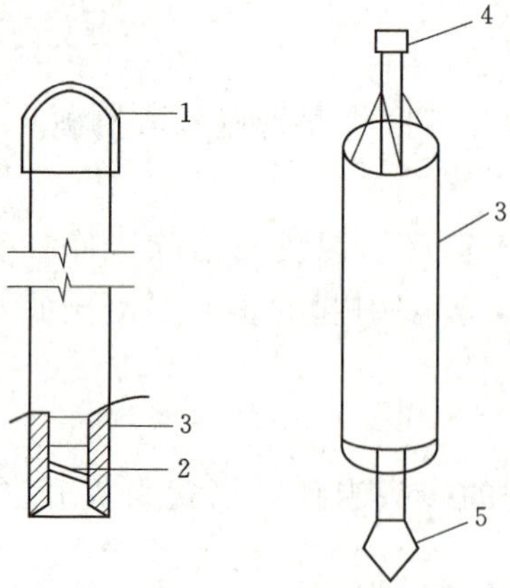

图 5-1 掏砂管和捞砂管示意图

1—提引环；2—活门；3—提筒；
4—钻杆接头；5—小钻头

环或钻杆接头，底部进砂口有活门挡砂板（或挡砂圆球），这样就构成掏砂管。如果筒的外径较大，长 1.0m 左右的就称为掏砂筒（或桶），如图5-1（a）所示。

清淤时先立好三脚架，在滑车上穿上钢丝绳下放掏砂管，至淤积面时，提拉掏砂管反复冲击淤砂层，冲击几次，提砂出井口。反复操作，掏至井底。

掏砂清淤时，应先了解井内淤积情况，井壁是否坍塌。如有坍塌需先进行修复，然后再掏砂。井内落有砖石瓦块，也应预先打捞。

2）捞砂管清淤。捞砂管是用 3mm 厚的铁板卷焊成一个直径 170mm，长约 1.5m 的圆筒。底部用一呈锥形的铁板封焊，中心为一段短钻杆，下端钻杆长出 1.0～1.5m，并带枣核形钻头，上端敞口，用铁棍固定，如图 5-1（b）所示。

捞砂时将捞砂管下到淤积面，反复提落钻杆，冲击淤砂，通过钻杆送水冲击，使砂砾上浮，待砂砾沉入捞砂管内，将捞砂管提出井外，倒出管内砂。反复操作，直至井内淤砂掏净。

（2）单泵清淤法。

1）用一台较大流量及大扬程的水泵，安放在水池旁，水泵吸水管放入池内，淹没水下。

2）水泵出水口连接胶管，胶管与钻杆或铁管［一般铁管直径不小于 2.5 吋（63.5mm）］连接，钻杆或铁管最前端安一个水枪，下入井内，水枪嘴接触淤层面。

3）开泵抽水，压入井内，通过喷枪射出，将淤砂冲动，淤砂随着上涌水流冲出地面，排入水池，淤砂沉淀于池内。随着水不断压入井内，喷枪也不断下落，直至井底。这个方法适用于几十米深的淤井。若井内淤积的为粉砂及颗粒较小的泥沙，此方法也可适用于几百米深的淤井。

（3）双泵清淤法。

对于较大直径和较深的管井，采用双泵清淤法效果更好。一台泵冲砂供水，另一台泵抽砂排水。冲砂泵可选用高扬程清水泵，泵的出水管口，应紧靠淤积面。抽砂的水泵应选用泥浆泵或砂石泵，容易将粗的颗粒物排出，水泵使用寿命也较长。抽砂泵管口应接近于冲砂泵管口，才能有效地吸排冲动的砂泥。

（4）空压机清淤法。

空压机清淤法，是用空压机洗井。用一根钢管或胶管插入井内，距淤泥面 0.3m 高左右，再将一根风管插入井内，根据井内水位及空压机工作压力，在距钢管管底 0.5m 以上适宜部位与钢管连接。通过风管将压缩空气送入水管内，压缩空气在水管内和水混合，形成比重较小的水气混合体后上浮经水管排出井外。在排水的同时，井内淤积的泥沙随着水流进入水管而被带出喷出地面。边喷边将钢管下落，直达井底。这个方法要求井内有足够的水量，否则需向井内注入清水才行。

（5）泥浆泵与空压机联合清淤法。

对于深机井清淤，采用泥浆泵和空压机联合使用的方法。其操作方法是，在钻杆下端安装小钻头，把高压胶管和泥浆泵连接，从钻杆中送入冲洗淤积的高压水流，同时通过空压机风管向井内压风，使淤积物从井口排至泥浆池。如果淤积物砂砾较粗，改用密度较大的泥浆循环，增强托砂能力。清淤至井底处，应停止泥浆泵送高压水，改用拉活塞或喷枪反冲洗，配合空压机抽水洗井，以清除过滤器及含水层中的泥浆。

（6）钻机清淤法。

可用 100 型、150 型地质钻机，正循环的方式将淤积物冲出地面至泥浆池沉淀。也可以用反循钻进法将淤泥排至泥浆池。这种方法速度快，特别适用于淤砂密实的深井清淤。如果用合金钻头，可将砖头、石块磨碎，通过泥浆泵抽出来。

3. 井内遗物打捞

（1）水龙头（泵底阀）打捞法。

1）活舌打捞器打捞法。活舌打捞器如图 5－2（a）所示，是用圆钢上焊提梁以连接钢丝绳，下端呈尖形，尖上部挖一条形槽，槽内为一小轴，对穿两个活舌，活舌可绕小轴灵活收放，活舌伸开靠一根橡皮筋拉紧，放松后用引绳提拉收紧活舌，收于条形槽内。使用时，打捞器尖端进入水龙头，活舌受内壁限制而紧卡腹部，因活舌伸开后直径大于水龙头内管径，上提时卡住水龙头，即可提出。然后上拉引绳将活舌收紧，捞出后的水龙头自动卸下。

2）偏心卡打捞法。偏心卡如图 5-2（b）所示，主杆为圆钢，下部开槽钻孔，槽内装偏心卡，用削钉穿于槽中，偏心卡下端孔中拴一提绳。使用时放松提绳，使卡片下垂，进入槽中，待偏心卡大部分进入水龙头后，紧拉提绳使卡片横平，卡住水龙头后提出井外。

3）扒皮钩打捞法。扒皮钩如图 5-2（c）所示，是打捞水龙头的一种特殊工具。当水龙头已被淤泥塞满或被填埋时，用扒皮钩打捞。主杆为直径 73mm 的钢管，管下端设一孔眼，外焊两片弓形扁钢。

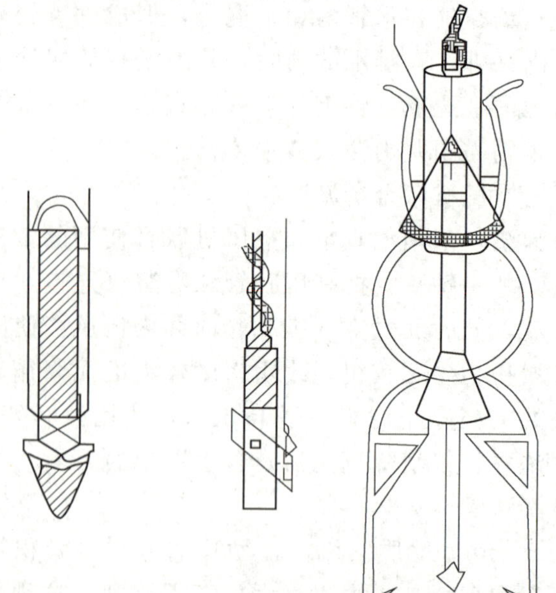

(a) 活舌打捞器　　(b) 偏心卡　　(c) 扒皮钩

图 5-2　水龙头打捞工具

在弓板与主杆的孔眼间压入两个弹簧，其外部套上可动的铁圈。钢管的内芯穿过直径 30mm 的细钢管，上端有横眼，下端带跑轮槽的锥体，锥体支架间焊接三根弹簧，三条腿上有倒钩，用活动轴连接，使被打捞的物体进入钩内，脱不出。主要特点是活脚大肚。使用时，将扒皮钩送到淤泥面以上 1m 处，向下伸开倒钩，然后提升内芯钢丝绳，使锥体上移，弹簧开，抓腿则抱住水龙头，再拉动可动铁圈至弓板凹处，弹簧收回后，锥体上移，倒钩抱紧，即可将水龙头捞出。

（2）胶管打捞。

1）剪子钩打捞法。胶管掉到井里，在井内打弯成圈状，可以用剪子钩捞取，如图 5-3（a）所示。在钻杆下端焊接一个槽形叉，槽长 400mm、宽 25mm。另外做两个剪子钩装在槽型叉内，用插销连接起来。钩的顶部有控制拴绳的孔，放松控制绳，张开剪子钩。将剪子钩下到井内，遇到胶管后，拉紧控制绳，夹住胶管，将钢丝绳与胶管一起拉出井外。

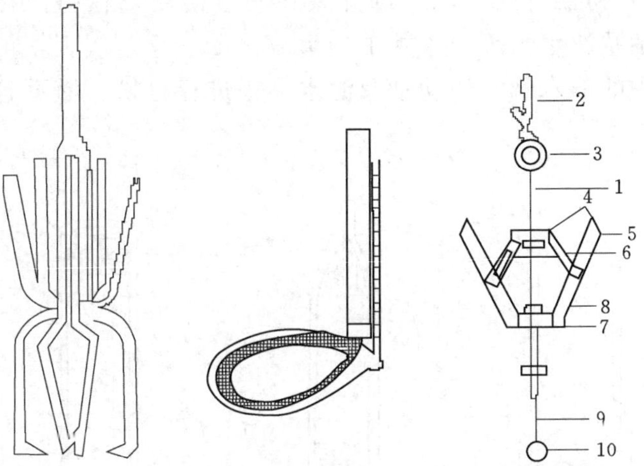

（a）剪子钩　（b）套索　（c）双卡打捞器

图 5-3　胶管打捞工具示意图

1—活动杆；2—钢丝绳；3—吊环；4—滑板；5—卡爪；6—拉杆；
7—套筒；8—螺母；9—钢丝绳；10—导正重球

2）套索打捞法。此法适用于口径较大的浅机井，套索如图 5-3（b）所示。其打捞方法是，用细钢筋弯一个比井管内径略小的圆圈，将钢丝绳打一个活套，用细麻绳绑在圈上。圈上部用竹篾子顺入井管，送到胶管处，套着胶管后送到离胶管下端一米处，压住竹篾子，上拉钢丝绳，胶管即可被紧套。然后提出钢筋圈，再拉钢丝绳，可将胶管拉出井外。

3）双卡打捞器打捞法。双卡打捞器构造如图 5-3（c）所示，用一根直径 10mm 的螺丝杆作活动杆，上端焊接一个拴钢丝绳的环，用一块长约 50mm、宽约 30mm 的铁板作滑动板，板上焊一段比钻杆略粗的钢管作导正套。将活动杆的下端穿过滑板上的导正套，拧上一个螺母，穿过套筒，再拧上螺母，使套筒能在上下两个螺母间自由活动。再用销钉将拉杆、卡爪与套筒和滑板连接起来。活动杆最下部用一短钢丝绳与导正重球连接。

使用时，用钢丝绳把打捞器放入井中，当导正重球进入管以后，卡爪会在上面螺母的控制下进入管内，这时提动钢丝绳，活动杆向上移动，套管在下面螺母顶托下使套筒上移，张开卡爪撑住管壁，即可捞出井内的胶管。调节下部螺母的高低，可用于打捞不同直径的胶管，且可避免卡爪撑破胶管。

(3) 深井泵打捞。

1) 活页打捞器打捞方法。深井泵在安装使用过程中，有时会发生输水管、传动轴及滤水器等掉入井中的事故。由于重量较大，可用活页打捞器对掉入井中的输水管、传动轴及滤水器等进行打捞。活页打捞器种类如图 5-4 所示。

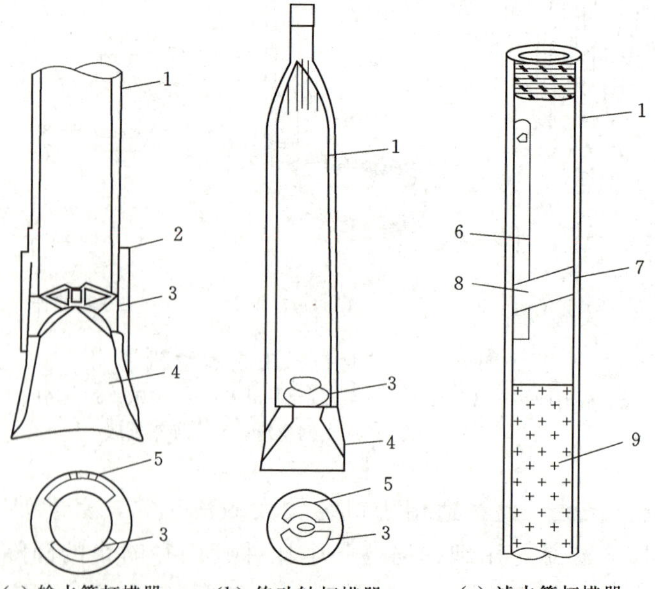

(a) 输水管打捞器　(b) 传动轴打捞器　(c) 滤水管打捞器

图 5-4　活页打捞器示意图

1—钢管；2—管箍；3—活页片；4—喇叭口；5—活页销；
6—活页压杆；7—卡片；8—卡片销；9—滤水管

图 5-4 (a) 为输水管打捞器。其主体为长 3.5m、外径比井管内径小 30～50mm、内径比输水管外径大 50～100mm、壁厚 4～5mm 的钢管，上部收合与接头相连，下端用反丝扣与管箍相连。管箍上加工 4 个方形平

孔，以便松动活页片。活页共两片，长为输水管周长的1/2～1/3，闭合后内径和被打捞的输水管外径相等。下部喇叭口用2.0mm左右的钢板卷成，长为100～250mm，上端小口外径用反丝扣和钢箍内径相连，内径比输水管略大，并在上端面焊四个销钉环，用直径6～8mm的活页销将活页片对称固定，下端大口直径比井管内径小25～50mm。使用时将打捞器套入输水管，利用活页片卡住输水管外壁，即可将输水管提出。

图5－4（b）为传动轴打捞器，型式与图5－4（a）结构一致，因用于传动轴打捞，管直径较小，其活页片合口后，内径与传动轴外径相同或略小。使用方法与输水管打捞相同。

图5－4（c）为滤水管打捞器，其主杆为直径25～50mm的钢管或钻杆，下部有锯齿状卡片，由销孔固定，可以转动，并伸缩于主杆的矩形槽内。使用时用卡片卡住滤水管内壁，可将滤水管提出井外。

2）深井泵泵体（简称泵葫芦）打捞方法。深井泵的泵体由传动轴连接，其孔径一般为28mm，深井泵葫芦打捞器（图5－5）是根据这个特点制作的打捞工具。它是由一根圆钢和上下两个导正圈组成，上圈固定，下圈滑动，导正位置。圆钢下端开槽，安装两个活舌，并在活舌背面固定橡皮筋，圆钢上部有提梁或钻杆接头。打捞时用钢丝绳下放于井中，受导正圈作用，打捞器底部尖端处于井眼中心，但可以左右活动，当尖端进入泵葫芦中心孔后，继续下放穿过泵体，活舌在橡皮筋拉力下张开，这时上提打捞器，可将泵葫芦捞出。

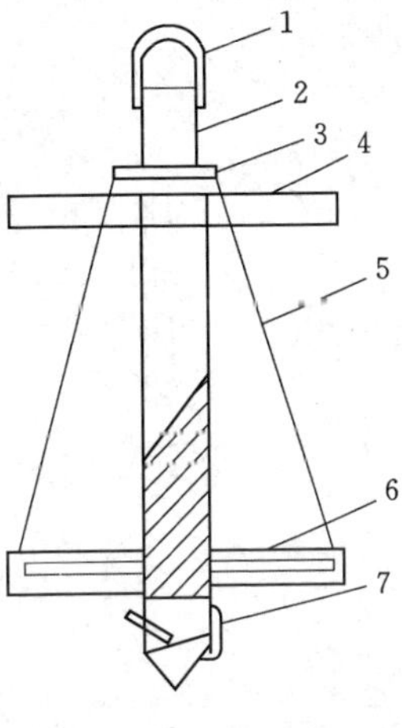

图5－5 深井泵葫芦打捞器

1—提梁；2—圆钢；3—铁夹板；4—导正圈；5—引绳；6—活舌；7—橡皮筋

（4）砖石及工具的打捞。

1）冲装打捞法。井内掉进砖石、瓦块等物，根据不同情况采取以下打捞方法进行处理。图5－6为冲装打捞工具示意图，用铲砖器、钢穿砸碎砖石，然后用捞取器捞取。捞取器为锯齿状的钢筒，既可捞取碎砖石及小工具，也可同时冲碎砖石，再用岩芯管套取杂物，或直接配小冲抓锥捞取。

2）抓夹捞取砖石法。当砖石等较大物体掉进井内，用冲装法打捞不上来时，可采用图5－7所示抓夹打捞工具。万能抓由四页40mm×12mm

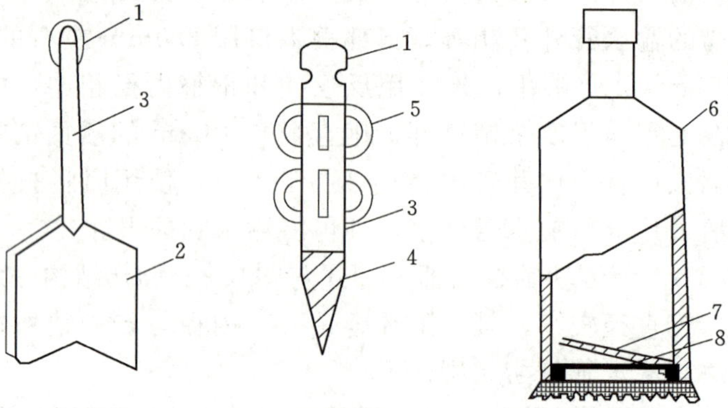

(a) 铲砖器　　(b) 钢穿　　(c) 捞取器

图 5－6　冲装打捞器示意图

1—钻杆接头；2—钢铲；3—圆钢；4—钢钎；5—导向架；
6—钢筒；7—活页；8—挡圈

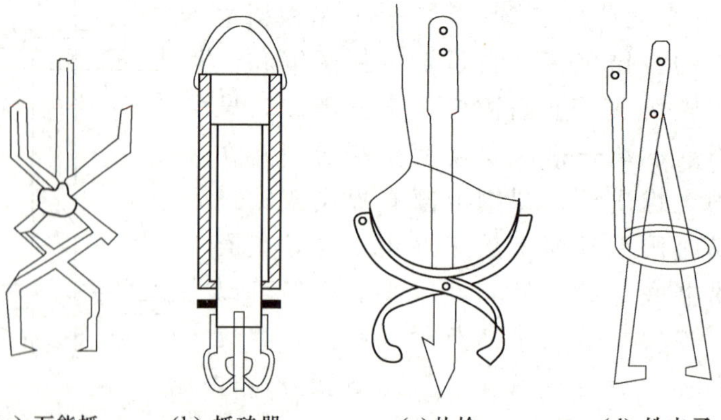

(a) 万能抓　　(b) 抓砖器　　(c)扎枪　　(d) 铁夹子

图 5－7　抓夹打捞工具

的扁铁条和中间的活动轴连接而成。活动轴受冲击作用张开，靠拉力弹簧作用闭合。使用时提升 2.0m 下冲，齿钩张开夹住遗物，捞出井外。抓砖是在钻杆上焊接四根钢筋，呈鼓形，以容纳进去的砖石。每根钢筋的下端都有两个倒钩，以防打捞物脱落。铁夹子由金属环控制，夹住打捞物后，放下控制圈环，然后提出。扎枪和四叉八钩是抓砖器的辅助工具，抓砖器冲击抓出中间部分，而挤向井四周的碎砖石不能抓出，应交替使用扎枪和、八钩将其取出。

图 5-8　螺旋打捞器示意图

3）小工具打捞法。如果将使用的钳子、扳手等小工具掉入井内，可用螺旋打捞器（图 5-8）打捞，它是用一根圆钢作主杆，杆上焊有 5～6 圈螺旋状钢筋，钢筋圈直径下大上小，上部为井管内径的一半，下部外径比井管内径小 30～40mm。使用时送至预定深度，通过上下移动和转动，把打捞物挤进螺旋筋圈与主杆的缝隙中，即可将打捞物提出井外。

4. 机井滤水管清洗

（1）机械冲洗。

1）钢丝刷法。在多孔混凝土滤水管堵塞以后，可用钢丝刷刷洗，把附在管壁内侧的泥沙刷掉。钢丝刷由几块钢板分层夹住钢丝而成，如图 5-9（a）所示。钢丝刷的外径与井管内径相同，在刷杆上装有法兰盘，盘上装胶皮垫，刷杆上端以丝扣连接钻杆或钢丝绳，控制升降洗刷。使用时把钢丝刷放在滤水管部位，上下拉动反复洗刷。

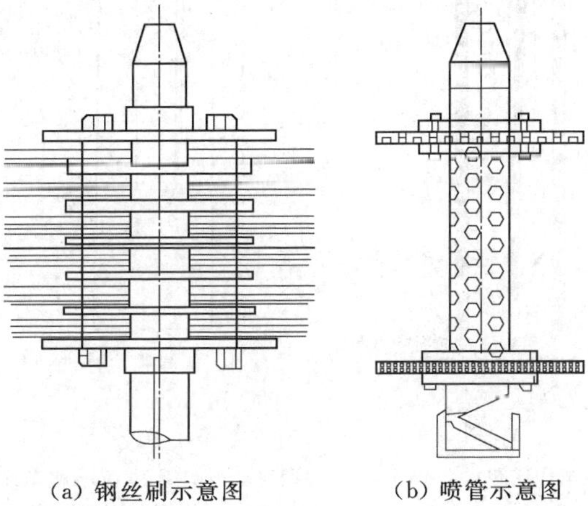

(a) 钢丝刷示意图　　(b) 喷管示意图

图 5-9　冲刷洗井示意图

2）喷管法。喷管如图 5-9（b）所示，它是一根长 1.05m、直径 65mm 的钢管，中部有多个直径 3mm 的喷水孔，在喷水孔段上下两端有皮垫，并用卡盘固定。在喷管底有活门，使喷管下降时水回流，以减少阻力。使用时配备高压水泵，接直径为 75mm 的胶管，对准滤水管段，进行高压冲洗。

3）冲刷洗井法。对于细粒堵塞的金属滤水管，常用拉活塞的方式进行清洗，图 5-10（a）是水压强力冲洗法示意图（此法对多孔混凝土滤水管禁止使用）。活塞一般用 2～3 层、厚 5mm 的橡皮板叠成，两端用法兰盘夹紧，并用 4 根钢筋支架连在两端钻杆接头上。用钻杆提拉活塞上部法兰盘时滑动配合，不能焊死，用钢丝绳提拉活塞的下部应有加重杆，以便顺利下放活塞。活塞洗拉第一遍时，活塞直径相近于井管内径。第二遍时要大于井管内径 20mm，一般活塞洗井器总长不超过 3～5m。使用时用卷扬机带，提升速度一般保持在 0.8m/s，每段上提下落冲击 4～5 次，自上而下分段提拉活塞冲洗清淤。

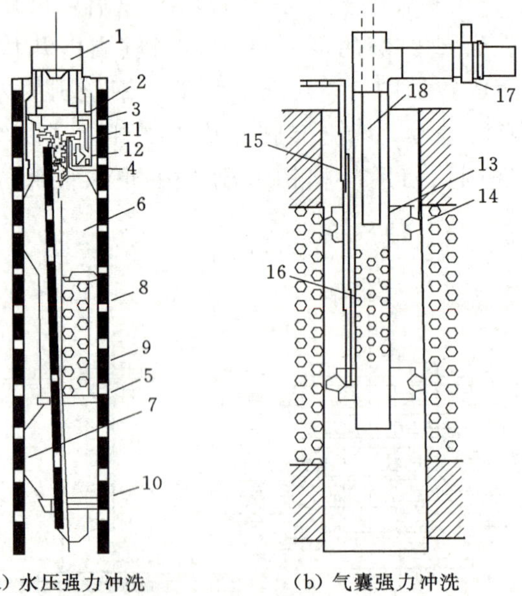

(a) 水压强力冲洗　　(b) 气囊强力冲洗

图 5-10　强力冲洗井示意图

1—供水管；2—球阀；3—栓钉；4—弹簧；5—支撑环；6—帆布或胶皮气囊；7—导向弹簧；8—内管；9—带孔外管；10—井过滤器；11—止水塞；12—套筒；13—气囊架；14—气囊；15—带孔管；16—气管；17—截门；18—风管

4）强力冲洗法。一般用空压机的风管加喷嘴反冲滤水管，或者在滤水管段上下封闭，送风压冲洗，借以冲开滤水管外部的淤堵细颗粒。经过数分或十分钟后，打开出水管的阀门，空气和水流将急速带动泥沙涌至井而后排出井外。如果使用不缠丝的条孔滤水管时，可用高压气罐配合，使高压空气大量进入含水层，将增强冲洗作用。当一段滤水管吹洗完后，使胶囊放气，移动吹洗设备，逐段清洗滤水管其他部位。如图 5－10（b）所示为气囊强力冲洗法示意图。

井的滤水管清洗，还可使用布兜洗井。即用三层大于井内径的正方形帆布或土布重缝在一起，用两根麻绳交叉缝在布对角线上，拴在布兜主杆上，用卷扬机带即可上下摆动洗井。对于浅薄层细粉砂层井，还可以封闭井口，作真空对口抽洗井清砂。

（2）盐酸清洗。

盐酸洗井适用于包网缠丝填砾过滤器的金属管材，由于化学腐蚀，形成结垢沉淀物，堵塞过滤器。注入盐酸可使这些铁、钙和镁等化合物溶解，排出井外。但不适宜铁丝网过滤器。基岩注酸和二氧化碳洗井，对于增加裂隙面积，增加出水量效果显著。

盐酸是一种强酸，洗井的浓度取决于含水层的渗透性。渗透性好的，采用浓度小的盐酸，渗透性差的，采用浓度大的盐酸。常用盐酸浓度为 10％～15％。为了防止盐酸对金属管路的腐蚀作用，应加入防腐剂，例如相当于盐酸用量 0.5％～1％的甲醛、丁炔二醇等。

盐酸用量因井深、井管直径、盐酸浓度等因素而不同，可按下式计算：

$$\text{盐酸用量}=\frac{\text{井内酸浓度}\times\text{井管内水量}}{\text{盐酸浓度}-\text{井内酸浓度}}$$

盐酸洗井操作方法有两种：

1）用注酸器加导管自由注入，如图 5－11（a）所示。

2）利用空压机由注酸管密封加压注入，如图 5－11（b）所示。

图 5－11（a）中注酸管的下端装胶皮制活塞，上端连接储酸器，中间用阀门控制。操作时，在井旁竖三脚架，用卷扬机牵引注酸管下入井内，使活塞置于酸处理滤水管段的上端。然后打开储酸器的阀门，使酸流入井内，并上下冲拉活塞，迫使酸液往复通过滤水网眼，达到清洗目的。一般经过 20～24h，过滤器上的胶结物大部分被溶解。用活塞洗井或空压机抽水洗井，冲出含大量 CO_2 的水后，再作抽水试验，检查效果。若未达到预期目的，再作第二次处理。

（3）弱酸清洗无砂混凝土滤水管。

弱酸洗井就是选用对井管过滤器无腐蚀破坏作用又能清除堵塞的化学洗井法。利用电离常数较小（$K_a<10^{-3}$）的弱酸作洗井剂来清洗旧井无砂

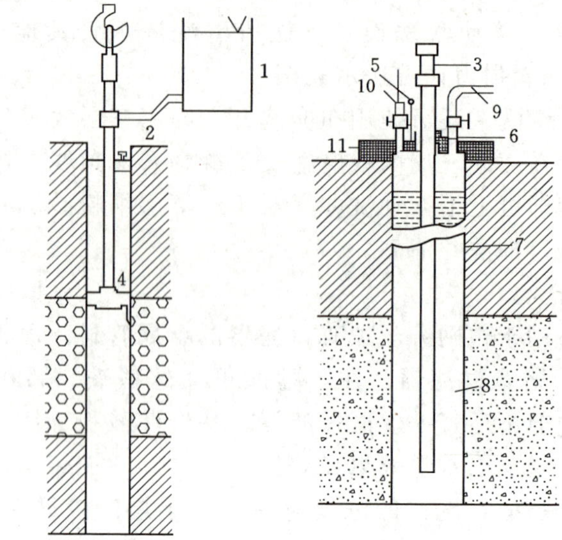

(a) 管井酸处理简单方法　　(b) 空气压缩机注酸法

图 5-11　管井酸处理示意图

1—储酸器；2—胶皮管；3—注酸管；4—胶皮活塞；5—气压表；6—严密封闭接箍；7—井壁管；8—过滤器；9—接空气压缩机；10—防气门；11—法兰盘

混凝土滤水管的一种洗井方法，常用的药剂见表 5-1。

表 5-1　常用弱酸洗井剂性能表

药剂品名	电离常数	络合物稳定常数	
		Ca^{2+}	Mg^{2+}
醋酸 CH_3COOH	1.8×10^{-5}	0.53	0.80
柠檬酸 $C_3H_4(OH)(COOH)_3$	1.1×10^{-3}	4.68	9.45
酒石酸 $[CH(OH)COOH]_2$	1.04×10^{-3}	9.01	3.06
草酸 $COOH\,COOH_2H_2O$	5.9×10^{-2}	3.00	4.38

注　溶液温度为 18～25℃。

4 种洗井剂都属羧酸，在水溶液中，羧酸和羧酸根离子及氢离子间存在着平衡，由于水溶液的电离作用，氢离子能与金属氧化物和氢氧化物作用生成相应的酸，所以利用这一特性可将滤水管上的腐蚀物 Fe_2O_3 和 ?OH)$_3$溶解。又由于它们酸性比碳酸强（碳酸电离常数为 4.3×10^{-7}），因而可与滤水管上沉积的盐酸垢溶解，生成CO_2气体，达到疏通砂石及化学堵塞，恢复滤水管性能的目的。

洗井方法：

1）为了节省洗井中化学药品用量，提高洗井效果，一般只向机井的滤水管段注入洗井剂，采用活塞或胶囊进行密封，并将注酸管一同下入预定位置。

2）弱酸配比，一般采用3%～6%的药剂浓度注入井内。

3）对注酸井加盖密封，或空压机送风加压保持24h以上。

4）利用活塞洗井，注意勿将多孔混凝土管碰坏。

5. 补管和换管

（1）内套补管法。

这种方法是在坏管部位，内套材料重新封闭井壁管段，以维修井管接口不严或井管破裂等原因造成的涌砂、水质变坏、进咸水苦水的机井。常用塑料管、铁皮套管或竹棕套管，套入井管内壁，重新封闭。封闭长度应超过坏管部位上下各3m以上，封闭时，首先要查清封闭段即坏管位置的深度和长度，试孔时管内不能堵塞不通，错口的井管接口处，要用冲管器纠正顺直，然后进行补管。现按所用套管材料不同的内套补管法分别叙述如下。

1）塑料套管内封法。

绑棕碗：取计划长度的塑料管，在两端分别绑扎一个棕碗。绑扎方法是将棕皮分三层重叠，棕皮根部对齐，用10号或12号铅丝在根部绑三周，然后把棕梢折过来在棕皮根部再用铅丝绑紧，再用四个螺丝钉与塑料管固牢，但钉头不能伸出塑料管内壁。最后将棕托翻上去，呈一碗状，下端棕皮用铅丝固定，即成棕碗。

为了防备封闭失败，又便于把封闭的井管提出，在棕碗下端绑两道8号铅丝，随塑料管下到井中，作为提绳使用，另一端留在地面备用。

对于配用离心泵的浅机井，若用塑料管内封后，井径变小，不能下胶管吸水，应改用套管对接抽真空。为了便于灌泵抽水，需在安装塑料内封管上部，另作一安装活舌的塑料管，活舌离管口应超过0.5m的距离。

下塑料管时，应采用现场加热插接法，插接后，周围再用四个木螺丝固定，用一层沥青布缠紧。在下管过程中注意可以左右活动，但不能往上提，因为上提时往往使棕碗卡紧井壁而不能活动。

将底部棕碗下入井后，在棕碗间，填入封闭的黏土球，填入时要均匀连续。上部棕碗下井时不要填泥球，待下到预定位置后，再填一定的黏土球。填完后要待10～12h后才能抽水试井。

2）铁皮套筒内封法。

a. 根据所修井管情况用白铁皮制成套筒，依据坏井部位，可制成同径管、变径管、喇叭口形管。套筒管上沿两个对称的吊鼻供吊装用，上端绑一个固定棕碗，下端装一个提拉式棕碗，中部绑扎竹弓，竹弓两端有钢爪，以固定套管于井壁。如果所用套管较短，可用铆钉固定小钢爪数个，用以固定套管。

b. 将棕碗内的弓和钢爪用细绳绑紧，使套管外径缩小，便于下井安装。小钢爪在套管上可装推力弹簧，与提拉式棕碗一样，往上拉动，即可卡紧于井壁。

c. 割绳铅丝一般用10号铅丝，拴在套管上口，并用插销别住，再经底部上返，穿过各道绑绳，直到井口。

d. 套管因绑很多棕片，浸水较慢，安装套管时，可用钻杆作一压盖作送管器，将补管送入预定位置。然后割绳拉丝，放开钢爪，固定井管，最后提出套管绳和下管器。

3）水泥浆补管法。

采用内补管法，灌注素水泥浆，水灰比不大于0.6，用提筒或注浆管送水泥浆，其方法如下：

a. 先对坏井段进行封闭，用海带或豆袋止水，上部可放部分黏土球，然后注水泥浆。也可用一段套管，在套管外侧下端封闭，上盖护帽，然后在套管与井壁之间灌注水泥浆。

b. 水泥一般采用强度等级为42.5的矿渣硅酸盐水泥，在有压水流地区可加水泥用量2%氯化钙快凝。一般灌浆后3d左右，即可用小钻头，加导正圈和橡皮套，慢慢钻透水泥柱，就可抽水试井。

（2）外封闭补管法。

1）外护管修井法。

这是适用于浅部坏管维修的一种方法。常用外护管筒内径比井管外径大100～150mm，用1.75～2.5mm厚钢板卷成，护管长度要大于破管上下边沿各0.5m，一般开挖深至预定管长，有困难时，可加压送至管位，在护管内与井管壁之间，灌注水泥浆，即可堵住漏洞，不进泥沙。

2）黏土及水泥外封法。

在坏井四周钻孔冲浆，至坏管部位，再用水泥浆或黏土球封闭。其施工方法如下：

a. 固定井管。在井内超过预定封管位置下 3～5m 放止水海带、豆子袋等，并安装井内扶正器若干组固定井管。

b. 在坏管四周沿周边钻小孔 4～6 个，深度钻至坏管部位以下 3m 左右，加泵冲洗，如果遇填砾，应用泥浆高压循环水返上滤料，然后填黏土球、水泥浆封闭。

（3）滤水管段坏管修补法。

深机井过滤器为包网缠丝填砾，无论金属滤水管或钢筋混凝土条孔滤水管，若损坏以后，修复很困难。只有在井管虽已损坏，但未全部进滤料时，可以维修。采用下部填砾形成反滤层而防止涌砂，这样可以保证以上部分机井正常使用。若为浅层的大口径管井和多孔混凝土管井滤水管部分损坏，可以用以下办法修井。

1）活竹套管封闭法。

活口竹棕套管是用竹片纵横编制而成，外包棕皮，使用时卷起来用补管器送入井内，具有方便、灵活、伸缩性大的特点，下入井内后，利用竹片弹力能紧贴井壁，尤其对上小下大的机井适用性强。

竹棕套管制作方法：首先在平面上均匀铺棕片三层，如图 5－12（a）所示。宽度要比管周长大 100mm 左右，纵向竹片规格，宽 20～30mm、间距 50～60mm，横向竹板条，宽 30～40mm、间距 100～150mm。一端安装与井管曲率相同的锯齿弧形铁板，另一端为铁制顶舌，当卷成套管时，齿舌吻合，顶舌向一个方向滑动，因此只能放大，不能缩小，借竹片张弹力，将套管撑置于井管内壁上。套管骨架竹片与外棕皮必须纵横用铅丝麻绳扎紧，若需用管过长，需加强横向竹板，每 500mm 增加一对，增加竹条张力。

若补管段太长，应作固定直径的内圆环，横向缠塑料布，绳间距缩小到 20mm，棕皮外用竹弓或钢爪（铁爪）固定于井壁，上下用棕碗封闭，如图 5－12（b）所示。

补管器如图 5－12（c）所示，是专为送竹棕套管的工具，原理与雨伞撑闭相同。它由拉力杆、撑力杆、滑套、支臂、撑架等部件组成。下管时在棕片外用细麻绳分道绑捆好，再穿入铅丝作割绳，随下管而接长拉力

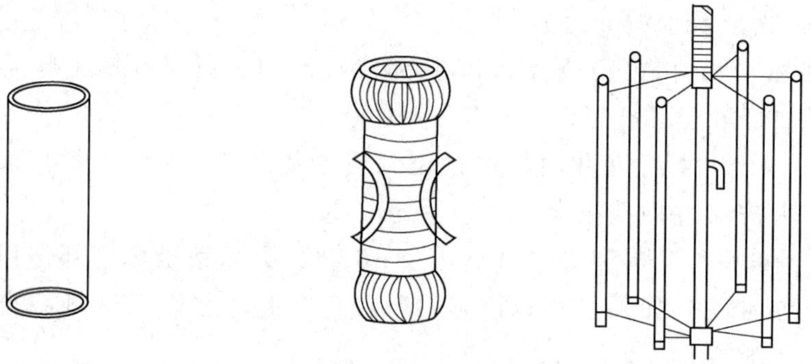

(a) 活口竹棕套示意图　　(b) 竹弓固定竹棕套示意图　　(c) 补管器示意图

图 5－12　竹棕套补管法

杆、撑力杆，到位后拉力杆不动，先割拉绳，让套管撑开，再提拉力杆，按卷管方向缓慢转动，上下提推撑力杆，驱动撑架收缩和扩张，使之均匀紧贴坏管井壁，竹片弹力固定套管。然后上提撑力杆架收缩，提出补管器。

2）改变滤水结构和井型。

若机井滤水部分难以维修，即修好后水量仍然不足，可采用大口径管井加深成小口径深井、大口井改建辐射井以及大口井下部成管井等措施，以增加或恢复机井出水量。

三、报废机井的处理

1. 机井报废条件及程序

为确保人身安全，防止地下水遭到污染，对已达到报废标准的机井，应按程序报批及时进行报废处理。

（1）机井报废条件。

出现下列任何一种情况时，机井则应申请报废：

1）因地下水水位下降，无法安装提水机械或已干涸的机井。

2）因地下水水质发生变化，机井水质已严重超过用水水质标准而无法通过修复进行改善的机井。

3）机井因井管歪斜、弯曲，井管破裂、错口、脱节，滤水管发生堵塞，机井淤淀等原因发生的受损，导致无法修复或修复价值较低的机井。

4）其他原因需要报废的机井。

（2）机井报废程序。

由机井所有者向有权审批该井取水许可的水行政主管部门提出申请，该水行政主管部门组织有关技术人员组成专家组进行鉴定，对达到报废标准的机井，由该水行政主管部门进行审批。同时，该水行政主管部门应对报废的机井提出具体的处理方法并监督实施，统计部门对批准报废的机井予以注销登记。

2. 报废机井处理方法

（1）回填方法。

因地下水水质发生变化或受损无法修复而报废的机井，应采取回填的方法处理，回填报废机井前，应对地面以下一定深度的井管进行割除。其割除深度应根据该机井所在土地用途确定。

对于中、深机井应先用黏土球或黏土块回填至最上层不良含水层顶板以上 5m，然后用黏土回填至井口与地面齐平；浅井可用黏土回填。

（2）封堵方法。

因地下水下降而造成的报废机井，宜采用封堵的方法处理。采用封堵处理方法前，应对地面以下一定深度的井管进行割除。其割除深度也应根据该机井所在土地用途确定。封堵应做到坚固、严密，井口封堵与地面齐平。

（3）辅助设施处理。

井台、井房、出水池及机泵、输变电设备、监控设备与防护设施等，应及时拆除并搬离现场。

第六章

机电设备维修养护

机井工程配套的机电设备包括水泵、电动机、柴油机、柴油发电机、变配电设备等，机电设备的维修养护是保证机井工程正常运行的关键环节。机电设备的维修养护应由生产厂家或专业的维修机构或具有相应资质的技术人员来完成。

一、潜水泵

潜水泵的维护保养主要包括机械、电气两方面，机械方面的维护重点是密封和预防锈蚀，电气方面的检查重点则是电缆的绝缘和预防漏电。

1. 机械方面的日常维护

(1) 经常检查潜水泵的机械密封情况，对各种密封件，如密封圈、加油螺钉、密封盒等都要进行检查，对已磨损的部件和密封性能差的部件，要及时维修或更换，发现松动的要及时拧紧，密封不牢的要及时更换新件，以确保使用安全。

(2) 防止发生潜水泵锈蚀，如泵的表面受损脱漆，应及时清除锈迹，再涂抹防锈漆加以保护。

(3) 定期检查潜水泵的轴承情况，看轴承有无磨损、是否缺油、是否有跑内圈或跑外圈的情况，如不符合要求，应及时修复、加油或更换。

(4) 潜水泵一般每使用两年就要进行一次全面检查养护，可通过机械运转发出的声音来初步检查潜水泵各部件是否正常。检查叶轮有无磨损或气蚀，轴是否生锈变形或磨损，电机内外紧固螺丝有无松脱，泵口及周围有无泥沙沉积或堵塞等。如运转不正常，应停机及时对相关部件进行

2. 电气方面的日常维护

（1）定期检查潜水泵对地绝缘电阻，检查电缆有无破损现象，如有损坏应及时更换，以防漏电。

（2）经常检查潜水泵的运行电压与电流，用电压表测量三相电压是否基本一致，如不一致应及时调整或处理。

（3）在潜水泵的运转过程中，必须观察仪表读数及潜水泵的振动和声音是否正常，如发现异常情况要及时处理。

3. 潜水泵常见故障与排除方法

潜水泵的常见故障有水泵不出水或间歇出水或出水少，电流过大或电流表指针剧烈摆动，电动机不能启动并有嗡嗡声，电动机剧烈振动，电机绕组烧毁等，其故障原因与排除方法见表 6－1。

表 6－1　　潜水泵常见故障与排除方法

故障现象	产 生 原 因	排 除 方 法
不出水或间歇出水，出水少	电机没启动（如电压过低、导线过细过长、电缆压降太大或水泵卡死启动不起来）	排除电路故障，找出卡死原因并排除
	管路堵塞或滤水网堵死	清除堵塞物
	管路破裂	修复破裂处
	吸水口露出水面	下放潜水泵，若还不出水，可能是超过了潜水泵的扬程范围，建议换泵
	潜水泵转向相反	调换电缆任意两根接头
	叶轮口环与密封环磨损	更换叶轮，密封环
电流过大或电流表指针剧烈摆动	流量大、扬程低超出使用范围，电机过载	减少流量
	电机轴承磨损，水泵橡胶轴承或轴承套磨损	更换轴承或轴承套
	止推轴承磨损，叶轮下坐	更换止推轴承
	泵轴弯曲，轴承不同心	调直泵轴
电动机不能启动并有嗡嗡声	导线断相或开关断线	修复断线，接好保险丝
	电机轴承磨损	修复或更换轴承
	叶轮内异物与泵体卡死	清除异物
	电压太低	调整电压

续表

故障现象	产生原因	排除方法
电动机剧烈振动	电机转子不平衡	将转子作动平衡校正
	叶轮不平衡	将叶轮作静平衡校正
	泵轴弯曲	调直泵轴
	轴承（轴套）磨损	更换轴承、轴套
因绝缘电阻过低电机绕组烧毁	电机内缺水	灌满清水
	接头进水	修接头
	电缆破裂	包扎电缆
	绕组烧毁	更换绕组
	单相运行	检查调整启动保护设备
	长时间超载运行	降低负载，使电流、电压不能超过铭牌标识

二、离心泵

1. 离心泵的日常维护

（1）检查离心泵管路及结合处有无松动现象，用手转动离心泵，试看离心泵是否灵活，如有问题应及时调整。承体内加入轴承润滑机油，观察油位是否在油标的中心线处，如润滑油变质或数量不足应及时更换或补充。

（2）拧开离心泵泵体的引水螺塞，应能灌注引水，出水管路的闸阀和出口压力表及进口真空表应能正常工作，如有问题应及时检查修复。

（3）电机，试看电机转向是否正确，如不正确应及时调整。当离心泵正常运转后，打开出口压力表和进口真空表视其显示出适当压力后，再逐渐打开闸阀，同时检查电机负荷情况，如超负荷应立即停机，查找原因排除故障。

（4）控制离心泵的流量和扬程在标牌上所注明的范围内，才能保证离心泵在最高效率点运转。离心泵在运行过程中，轴承温度不能超过环境温度以上 35℃，最高温度不得超过 80℃，如温度过高，应立即停机，查找原因排除故障。

（5）离心泵出现异常声音应立即停机检查原因排除故障。停机前，应关闭闸阀和压力表，然后再停机。

(6) 离心泵在开始工作的第一个月内，运转满100h应更换润滑油，以后每满500h，换油一次。换油后应注意要调整填料压盖，以保证填料室内的滴漏情况正常（以成滴漏出水为宜）。

(7) 检查轴套的磨损情况，对磨损较大的轴套应及时更换。在寒冬季节使用时或停机后，需将泵体下部放水螺塞拧开并将水放净，防止冻裂。

(8) 离心泵若长期停用，需将泵全部拆开，擦干水分，将转动部位及结合处涂以油脂装好，妥善保护。

2. 离心泵常见故障与排除方法

离心泵的常见故障有水泵灌不满水，泵不吸水，真空表指示高度真空，真空表和压力表指针剧烈跳动，压力表虽指示有压力但出水管不出水，流量不足，填料函漏液过多，填料过热，轴承过热，振动等，其故障原因与排除方法见表6-2。

表6-2　　离心泵常见故障与排除方法

故障现象	产生原因	排除方法
泵灌不满水	底阀闭合不严或底阀已坏	修理或更换底阀
	吸水管路泄漏	检修吸水管路
泵不吸水，真空表指示高度真空	底阀开启不灵或滤网部分淤塞	检修底阀或清洗滤网部分
	吸水管阻力太大	清洗或更换吸水管
	吸水高度过高	适当降低吸水高度
	吸水部分浸没深度不够	增加吸水部分浸没深度
泵不吸水，真空表和压力表指针剧烈跳动	开机前泵内灌水不足	停机将泵内灌满
	吸水系统管道或仪表漏气	检查吸水管道和仪表，并消除漏气处或堵住漏气部分
	吸水管没有浸在水中或浸入深度不够	降低吸水管，使之浸入水中有一定深度
压力表虽有压力，但出水管不出水	出水管阻力太大	清洗出水管或减少管路弯头
	叶轮转向不对	调换电动机接线
	叶轮流道堵塞	清洗叶轮流道
	泵的扬程不够	调换高扬程泵
	出水管路阀门关闭	打开出水管路阀门

续表

故障现象	产生原因	排除方法
流量不足或不吸水	密封环径向间隙增大，内漏增加	检修密封环
	叶轮流道堵塞，影响流通	清洗叶轮流道
	吸水部分阻力太大，如滤网部分淤塞、弯头过多、底阀太小等	清洗滤网，减少弯头和更换底阀
	吸上高度过大	降低吸上高度
流量不足或不吸水	吸水部分浸没深度不够，有空气进入	增加吸水部分浸没深度
	吸水部分密封不严密	检修吸水部分各连接处密封情况，拧紧螺帽或更换填料
	吸水管安装不正确，使管内有聚积空气的地方存在	重新安装吸水管
	出水管阻力太大，或出口阀门开得不够	清洗管子，或适当开启出口阀门
	泵的流量偏小	换用大流量泵
填料函漏液过多	填料磨损	更换填料
	填料压得不紧	拧紧填料压盖或补加填料
	填料安装错误	重新安装填料
	泵轴弯曲或磨损	修理或更换泵轴
填料过热	填料压得太紧	适当放松填料
	填料内冷却水进不去	松弛填料或疏通输液管填料环孔
	轴和轴套表面有损坏	修理轴表面或更换轴套
轴承过热	轴承内润滑油质不良或油量不足	换用合格的润滑油，并加足油量
	轴已弯曲或轴承滚珠失圆	检修或更换零件
	轴承安装不正确或间隙不适当	检查并加以修理
	泵轴与电动机轴同轴度不符合要求	重新找正
	轴承已磨损或松动	检查或更换轴承
	平衡盘失去作用	检查平衡盘是否堵塞，检修平衡盘及平衡环，两者应相互平行并使其分别与泵轴垂直；更换平衡环或平衡盘

续表

故障现象	产生原因	排除方法
振动	叶轮磨损不均匀或部分流道堵塞，造成叶轮不平衡	对叶轮作平衡校正或清洗叶轮流道
	轴承磨损	修理或更换轴承
	泵轴弯曲	校直或更换泵轴
	泵体的密封环、平衡环等与转子吻合部分有摩擦	消除摩擦同时保证较小的密封间隙
	转动部分零件松弛或破裂	检修或更换磨损零件
	泵内发生气蚀现象	消除产生气蚀原因
	两联轴器结合不良	重新调整安装
	地脚螺栓松动	拧紧地脚螺帽

三、深井泵

1. 深井泵的日常维护

(1) 每天检查电流表、电压表的数值，机组振动和响声情况，如有异常情况应立即停机检修。

(2) 经常检查水泵的出水量，应尽量使泵在高效区间运行，可用出口闸阀调节出水量。

(3) 经常检查填料函的出水情况，允许有少量的水漏出，可用拧动填料压盖上的螺母来实现，一般每1～2月更换一次填料。

(4) 检查传动装置上的轴承部位温度（不得超过75℃）和润滑油量，一般每隔3个月换一次油。

(5) 每半月测量一次动水位，注意观察水位变化规律，如水泵淹没深度不足应立即停机进行调整。

(6) 观察水中含砂量的变化情况，如井中长期出砂较多，不仅使泵的磨损加快，降低水泵寿命，同时也将导致水井弯曲变形或井壁塌陷，应对机井进行检修。

(7) 当水中含砂较多或水较混浊时，不能停机。否则，转动部分的间隙将被泥沙阻塞，造成下次启动困难或不能启动。

(8) 停机后不能立即再次启动水泵，防止电机温升过高和水流产生冲击，一般待5min以后才能再次启动。

2. 深井泵常见故障与排除方法

深井泵的常见故障有电动机通电后不转动且有不正常声音，电动机启动后转速低，电动机运转时有不正常响声并发热，传动装置中轴承部位温度过高，电动机电流在泵运转中升高，填料函漏水太多，水泵剧烈振动，填料函处过热，水泵出水量显著下降等，其故障原因与排除方法见表 6－3。

表 6－3　深井泵常见故障与排除方法

故障现象	产生原因	排除方法
电动机通电后不转动且有不正常响声	定子单相短路	修理电动机
	电源一相无电	查出断电原因
	线圈的接头与接线板接得不对	清理定子线相位并重新接好
	电机转向不对	调换接头
	橡胶轴承涨大	拆泵更换
电动机启动后转速低	相绕组首未相接	清理相绕组，重新接到线板上
	电压过低	升高电压后再用泵
电动机运转时有不正常响声，并发热	绕组短路	修理电动机绕组
传动装置中轴承部位温度过高	止逆销磨损或有油污	更换或修理止逆销
	止逆盘槽孔磨损	加深槽孔或更换止逆盘
	轴承负荷太大或轴承已损坏	更换轴承
	润滑油不足或过多	补充或减少润滑油
	润滑油不洁或太稠	更换合适的润滑油
电动机电流在泵运转中升高	电压降低	停泵、升压后再启动
	电动机轴承损坏	拆检更换轴承
	叶轮与壳体有摩擦	停泵后重新调节轴向间隙
	泵吸入大量泥沙	拆泵洗井或修理井
填料函漏水太多	填料或电机轴磨损	更换填料或电机轴
	填料过硬	更换填料
	填料没压紧	压紧填料压盖
	轴弯曲	校正轴
	轴或填料磨损	换轴或换填料函并检查井水含砂量

续表

故障现象	产 生 原 因	排 除 方 法
水泵剧烈振动	启动时未润滑轴承	停机给预润水
	运转中叶轮与壳体摩擦	调整轴向间隙
	传动轴或电机轴弯曲	校正轴
	橡胶轴承磨损过大	更换轴承
	电机轴与传动轴不同心	调整轴线
	井斜度太大或弯曲严重	修理井筒或选用小一号水泵
填料函处过热	电机轴弯曲	校直电机轴
	填料函处漏水太少或不漏	松动填料压盖放松填料
水泵出水量显著下降	井中动水位下降过深	在可能的情况下，增加扬水管、传动轴长度
	转速不对	调整并使其满足额定转速
	滤水网被异物堵塞	清理滤水器
水泵出水量显著下降	扬水管或壳体连接处漏水	更换损坏零件
	个别叶轮松脱，转不动	拆开泵体，重新装配
	电源频率太低	解决电源并使其达到要求
	泵密封环磨损严重	更换密封环并修理叶轮口环
	叶轮与中壳斜面间隙过大	减少叶轮与中壳的间隙

四、柴油发电机组

柴油发电机组是以柴油为主燃料的一种发电设备，以柴油发动机为原动力带动发电机发电，把动能转换成电能和热能的动力机械设备。整套发电机组主要分为三个部分：柴油发动机、发电机和控制器。三部分由底座、柴油发动机、底座油箱、发电机组、控制器、散热器（风冷：风扇；水冷：水箱）、静音箱等部件组成。

1. 启动前的检查准备工作

柴油发电机组启动前，应做好以下检查准备工作，发现问题应及时采取措施进行处理，保证机组启动前状态良好。

（1）将附着机组的水迹、油迹和铁锈等杂物清除干净。

（2）对机组各装置全面巡视一遍，检查各连接、紧固和操纵部分是否都已装接牢固妥当，串透式减震器（即紧固螺栓穿过底脚减震垫及底架）的两个螺母不能拧得过紧（使螺母旋至与底脚刚接触的位置为止，此时两个螺母必须相互锁紧，以防松脱），否则会使减震失效。

（3）油箱内燃油储存量满足需要。

（4）柴油机油底壳及喷油泵、调速器内的机油量足够。

（5）向水箱（即散热器）注满冷却水。

（6）所有电气部分，各接点应牢固正确，自动空气开关应处在“断开”位置，蓄电池能正常工作，并注意启动系统一般为负极搭铁。

（7）机组间断一段时间再运行时，必须先用500V兆欧表测量发电机各绕组和控制系统对地的绝缘电阻，常温下应不低于2MΩ，若绝缘电阻低于上述数值，必须进行干燥处理。

2. 柴油发电机组的启动

（1）做好启动前的各项检查，包括机体、连接件、启动线路、冷却液、机油泵。

（2）停放5d以上未用的柴油机，启动前应先转动曲轴3～5转。

（3）在检查各项零部件正常后，可以启动柴油机。如果在12s内未能启动，应立即释放按钮，过2min后再作第2次启动。如连续三次不能启动时，应停止启动，查找原因。

（4）低温启动后，转速的增加应尽可能缓慢，以确保轴承得到足够的润滑，并使油压稳定。

3. 柴油发电机组的使用

（1）正常启动后，应让柴油机在750r/min左右的转速下空载3～5min运转，并观察柴油机各部件运转是否正常。

（2）待柴油机转速在1000～1500r/min、水温度高于75℃、机油温度高于50℃、机油压力高于0.25MPa时，才允许进入全负荷运转。

（3）要经常检查冷却系统和各部分润滑油的液面，如发现有不符规定要求或出现损漏时，应立即给予补充或检查原因予以排除。

（4）在运行过程中，特别是当突减负荷时，应注意防止因调速器失灵使柴油机转速突然升高（俗称飞车）而超过规定值，一旦出现应先迅速采取停机措施，然后再清查原因。

4. 柴油发电机组的停机

（1）停机前，应先卸去负荷，然后调节调速器操纵手柄，逐步降低转速至750r/min左右，运转3～5min后再拨动停车手柄停机。停机时尽可能不要在全负荷状态下很快将柴油机停下，以防出现过热等事故。

（2）在紧急或特殊情况下，为避免柴油机发生严重事故可采取紧急停机，用手向右拨动“紧急停机手柄”即可。

（3）停机后，应将钥匙由“左”转向“中间”，以防止蓄电池电流倒流。

（4）在环境温度低于0℃时机器运行结束后，应将机体内的冷却液放干，以免冷却液冻结，而使零件冻裂。

（5）要经常利用柴油机停机后的瞬间监听增压器叶轮与壳体之间是否有碰擦声，如有碰擦声，应立即拆开增压器，检查轴承间隙是否正常。

5. 柴油发电机组的维护保养

（1）每周对柴油发电机组做好日常维护工作。主要检查燃油箱燃油量，油底壳中机油平面，喷油泵调速器机油平面，三漏（水、油、气）情况，柴油机各附件的安装情况，仪表、喷油泵传动连接盘完好及安装情况。如发现不符合规定应进行调整，同时应清洁柴油机及附属设备外表。

（2）每周对柴油发电机组应试运行一次，且至水、油温度达到60℃以上为止。

（3）累计工作100h或每隔一个月，应做好柴油发电机组一级技术保养。主要保养内容为：检查蓄电池电压和电解液比重，检查三角橡胶带的张紧程度，如发现不符合规定应进行调整；清洗机油泵吸油嘴滤网，清洗空气滤清器，清洗通气管内的滤芯，清洗燃油滤清器，清洗机油滤清器，清洗涡轮增压器的机油滤清器及进油管，更换油底壳中的机油，加注润滑油或润滑脂，清洗冷却水散热器。

（4）累计工作500h或每隔6个月，应做好柴油发电机组二级技术保养。主要保养内容为：检查喷油器、喷油泵、气门间隙和喷油提前角、进气门和排气门的密封情况及水泵漏水情况，气缸套封水圈的封水情况，传动机构盖板上的喷油塞、冷却水散热器和机油散热器、机油冷却器、主要零部件的紧固情况，电器设备完好情况。如发现不符合规定应进行调整或更换，同时应清洗机油和燃油系统管路、清洗冷却系统水管道，清洗涡轮增压器的气道和油道。

（5）累计工作 1000～1500h 或每隔一年，应做好柴油发电机组三级技术保养。主要保养内容为：检查气缸盖组件、活塞连杆组件、曲轴组件、传动机构和配气相位、喷油器、喷油泵、涡轮增压器、机油泵、淡水泵、气缸盖和进、排气管垫片、充电发电机和启动电机，如发现有不符合规定之处应进行调整、维修或更换。

（6）柴油发电机组蓄电池使用及维护保养。

1）新蓄电池在使用前，应注入标准电解液。电解液的液面应高于极板 10～15mm。刚注入的电解液易被极板所吸收，应及时给予补充。

2）因电解液注入蓄电池内发热，因此，需将蓄电池静置 6～8h，待冷却到 35℃以下可进行充电。但注入电解液后到充电的时间不得超过 24h。

3）充电时，应按正负极对号接入充电电源正负极，切不可接错。充电时必须旋去通气盖，让充电时产生的气体外逸畅通。

4）蓄电池在放电后，应在最短的时间内进行充电，以免发生极板硫酸化。

5）已充电而搁置未使用的蓄电池，每月最少要补充电一次。

6）蓄电池应经常保持清洁，定期洗刷外露表面、通气盖上的通气孔及电线接头等部位。

6. 柴油发电机组的维护保养注意事项

（1）柴油发电机组必须由专业电工操作，非专业人员未经允许不准操作。

（2）柴油机必须空载启动。

（3）柴油发电机机油应选用 CA 级，柴油应选用 0 号。不同牌号的机油不能混合使用。

（4）柴油机、发电机仪表正常值范围：柴油机转速为 1500～2000r/min、水温为 75～90℃、机油温度为 50～70℃、机油压力为 0.25～0.35MPa；发电机频率≥50Hz、电压≤400V、电流≤216.5A、COS≤120。

（5）正常情况下，三角橡胶带能按下 10～20mm，过紧会引起充电发电机、风扇和水泵上的轴承磨损加剧。

（6）柴油发电机组配备的说明书、技术保养资料、专用工具必须由电工妥善保管，不得遗失。

五、柴油机

1. 启动前的准备工作

柴油机启动前，必须做好以下准备工作：

（1）检查整机的完整性，各部件螺栓的紧固性和各管接头无松动现象。

（2）新机和大修后的柴油机应将各处油污清除并擦拭干净。

（3）新机和大修后的柴油机应手动旋转曲轴数圈。

（4）给燃油箱加足合格燃油。

（5）给柴油机加足合格品牌的机油。

（6）蓄电池电解液比重，应在 $1.29g/cm^3$ 范围内。

（7）喷油泵齿条（油门拉杆）应灵活。

（8）按日常保养向固定加油点加注润滑油。

（9）燃油管路放气：当清洗油箱和更换柴油滤后，或是柴油机新机或大修后的柴油机第一次使用时，必须对燃油系统进行放气，否则，可能启动不了柴油机。拧开柴油滤上的放气螺栓，用手油泵泵柴油，直至放气孔流出没有气泡的柴油为止。

2. 启动

柴油机的启动应按以下要求进行操作：

（1）分离工作装置，确保柴油机无负荷启动。

（2）将油门拉杆放置到全油门的 1/4 位置上。

（3）在寒冷天气启动柴油机时，必须向水箱内加注热水，使机身温度预热到 30℃以上。

（4）用摇把启动时应握紧，不得中途松手，启动后应立即抽出摇把；严禁两人同时握紧摇把启动。

（5）启动柴油机，只要柴油机一旦着火，立即松开启动开关。注意：每次启动时，启动电机不能连续工作 12s 以上。连续 3 次不能启动时，至少应停止 1min 的时间后再行启动。

（6）柴油机启动后，至少预热 3min 后才能投入全负荷工作。冬季运行时，启动后预热时间还应该适当长一些（5min 以上）。

（7）启动后应注意观察机油压力。

3. 运行中的操作、维护

（1）开机后不得立即带负荷工作，应低速运转几分钟，待机温增至 40℃左右，逐步提高转速带负荷工作。

（2）应根据季节，选用适合的柴油、机油。

（3）冷却水应保持水质清洁，柴油机在运行中冷却水温度应保持在

60℃以上。

4. 停机

柴油机不得从满负荷状态突然停机。正常情况下，应该在去负荷后空转运转3～5min后，待柴油机温度降低后再停机。最好待机油温度低于70℃，缸头温度低于80℃后再停机；特殊情况时也应该尽可能去负荷后再行停机。

如果柴油机在使用过程中（全负荷工作状态下）突然停机，一定要设法立即转动柴油机曲轴，避免柴油机运动部件由于余热回滞而产生“拉缸”“抱轴”“烧瓦”等故障。

5. 柴油机故障检查方法

柴油机如在运行中出现故障，应仔细分析故障产生原因，以便作出正确判断，为故障的排除及事故的预防准备条件。通常采用看、听、摸、闻及检查等方法对故障进行分析和判断。

（1）看：靠视觉观察柴油机的外观现象和仪表的指示情况以及排气烟色等是否出现异常情况。

（2）听：通过听觉区分柴油机进行的正常爆发声和非正常的机械摩擦或撞击等异常响声。

（3）摸：采用手感的方法判断和确定故障轻重程度及具体部位。

（4）闻：通过嗅觉来确定及鉴别柴油机某些部位出现的异常。

（5）检查：对可能出现故障的零件进行拆卸、检查，同时注意相关零件的损坏情况，作综合分析并判断故障的真实原因，排除和制定预防措施。

6. 柴油机故障排除

柴油机出现故障或问题后，如何正确及时地判断出现故障和问题的位置，是排除故障的关键。常见故障的检查排除方法如下：

（1）柴油机启动困难。

在蓄电池电力充足、燃油箱有油和启动马达完好的情况下，如果柴油机启动困难或不能启动，应该重点检查下列部位并采用适宜的方法排除故障：

1）燃油油路系统。认真检查油路系统中的接头是否有漏油现象，软管是否有直角现象，燃油滤是否脏污或堵塞，如有应进行调整或清洗。

2）气门间隙。如气门间隙不正确，会导致启动困难，应进行调整使其达到适宜值。

3）喷油泵。检查喷油泵油量是否正确，柱塞、出油阀是否严重磨损，油量调节齿杆是否发卡等，如有问题应进行调整、修复或更换。

4）喷油器。检查喷油嘴是否雾化不良、滴油或卡死，如果是应进行调整、修复或更换。

5）气缸压缩压力。如气缸压缩压力低，表明活塞环和缸套的磨损严重，应进行修复或更换。

6）喷油提前角。如喷油提前角不正确，也会导致柴油机启动困难或不能启动，应进行调整使其达到适宜值。

7）空气滤芯。如空气滤芯脏污、进气管堵塞，会导致柴油机启动困难或根本不能启动，应进行清洗或更换。

（2）柴油机动力不足。

如果在运行过程中，柴油机出现功率不足时，应该注意检查下列部位并采用适宜的方法排除故障：

1）燃油油路系统。认真检查油路系统中的接头是否有漏油现象，软管是否有直角现象，燃油滤是否脏污或堵塞，如果油路通过量不足，柴油机肯定动力不足，如有以上情况应进行调整或清洗。

2）喷油泵。检查喷油泵油量是否偏小，柱塞、出油阀是否严重磨损等，如是应进行调整、修复或更换。

3）喷油器。检查喷油嘴是否雾化不良、滴油或卡死，如是应进行调整、修复或更换。

4）检查喷油提前角。如喷油提前角不正确，会严重影响柴油机的输出功率，应进行调整使其达到适宜值。

5）输油泵和喷油泵回油螺栓。如输油泵损坏或回油螺栓单项阀出问题，都会使燃油预压低，导致柴油机作业时功率不足，应进行调整、修复或更换。

6）气门间隙。如气门间隙不正确，将使柴油机进排气时间不对，影响柴油机的燃烧和做功，导致柴油机动力输出不足，应进行调整使其达到适宜值。

7）活塞环与缸套。如两者磨损太大，会使气缸压缩压力低，燃油燃烧不充分，降低柴油机的有效输出功率，应进行修复或更换。

8）空气滤。如空气滤芯脏污，会导致进气量不足，柴油机工作无力，应进行清洗或更换。

（3）柴油机冒黑烟。

柴油机在运行过程中冒黑烟，应该重点检查下列部位并采用适宜的方法排除故障：

1）空气滤。如空气滤芯脏污，会导致进气量不足，柴油机将严重冒黑烟，应进行清洗或更换。

2）喷油泵。检查喷油泵油量是否太大，柱塞、出油阀是否严重磨损等，如是应进行调整、修复或更换。

3）喷油器。检查喷油嘴是否雾化不良、滴油或卡死，如是应进行调整、修复或更换。

4）检查喷油提前角。如喷油提前角不正确，会使燃油喷入气缸的时间不合适，燃烧不充分，导致柴油机冒黑烟，应进行调整使其达到适宜值。

5）气门间隙。如气门间隙不正确，将使柴油机进排气开启和关闭时间不对，会导致柴油机冒黑烟，应进行调整使其达到适宜值。

6）活塞环与缸套。如两者磨损太大，会使气缸压缩压力低，燃油燃烧不充分，柴油机冒黑烟，应进行修复或更换。

7）如果气门座圈凹入太深或活塞顶间隙太大，都会使柴油机的压缩比产生变化，导致压缩压力不足而使柴油机冒黑烟，应进行调整、修复或更换。

（4）柴油机冒白烟。

柴油机在运行过程中冒白烟，应该着重检查下列部位并采用适宜的方法排除故障：

1）喷油提前角。如喷油提前角不对，燃油喷入气缸的时间错过了最佳喷油时间，由于气缸内的压力和温度太低，导致部分气缸不工作，致使燃油以雾状排出，所以柴油机冒白烟，应进行调整使其达到适宜值。

2）喷油压力和喷油器。如喷油压力不足或喷油器雾化不好，可能导致柴油机启动时相应的缸不工作，致使燃油以雾状排出，所以柴油机冒白烟，应进行调整、修复或更换。

3）燃油中的水分情况。如燃油中所含水分太多，将导致柴油机冒白烟，应采用合格的燃油。

4）环境。冬季冷启动时，由于环境温度低，可能使部分气缸不工作，所以柴油机冒白烟，应避免在严寒的环境下运行。

5）一般情况下，柴油机冒白烟故障只发生在冷启动后的一段时间内，柴油机全负荷工作后白烟现象就会消失。如全负荷冒白烟，则一定是呼吸器或增压器出了问题，应进行调整、修复或更换。

（5）柴油机冒蓝烟。

柴油机在运行过程中冒蓝烟，应重点检查下列部位并采用适宜的方法排除故障：

1）气缸压缩压力。用检测气缸压缩压力的专用工具，通过测量气缸压缩压力来确认该缸活塞环与缸套的磨损情况。如测得的压力低于标准值，则说明该缸活塞环与缸套磨损严重；如果没有测量气缸压力的专用工具，可以拆下缸盖观察活塞环与缸套的磨损情况，如果磨损严重，应修复或更换。

2）呼吸器。如果呼吸器有问题，会造成曲轴箱废气压力大，可能导致柴油机冒蓝烟，应进行调整、修复或更换。

3）润滑油油量。如果润滑油加油量太多，会造成曲轴箱废气压力太大，柴油机也可能冒蓝烟，应减少油量。

（6）柴油机震动大。

柴油机震动太大，应该检查以下部位并采用适宜的方法排除故障：

1）柴油机橡胶减震支撑。该支撑如果支撑松动或损坏，柴油机肯定震动大，应进行调整或更换。

2）柴油机曲轴自带的减震元件。如果该减震元件损坏，柴油机不仅震动大，可能还将对柴油机造成严重损坏，应进行更换。

3）柴油机燃烧系统情况。如果燃油燃烧不好，有爆燃现象，可能导致柴油机震动大，应进行调整。

4）机油压力。如果机油压力不正常，在排除了泄露或调压阀方面的问题后，可能原因是曲轴的轴瓦间隙太大。如果曲轴轴瓦间隙大，柴油机运转不平稳，将导致柴油机震动大，应进行调整。

（7）柴油机燃油消耗量太大。

柴油机燃油消耗量大，应该着重检查以下部位并采用适宜的方法排除故障：

1）喷油泵供油量。如果喷油泵供油量太大，必然导致柴油机耗油量增大，应调整供油量。

2）气门间隙。如果气门间隙不对，配气不正时，柴油机燃油燃烧不良，耗油量就会增大，应调整气门间隙。

3）喷油提前角。如果喷油提前角不对，影响燃油燃烧，耗油量也将增大，应调整喷油提前角。

4）活塞环。如果活塞环磨损严重，降低了气缸压缩压力，燃油燃烧不好，导致耗油量增加，应修复或更换活塞环。

（8）柴油机机油消耗量太大。

柴油机机油消耗量太大，应该着重检查以下部位并采用适宜的方法排除故障：

1）呼吸器。如呼吸器出现故障将导致曲轴箱废气压力增加，迫使机油上窜或通过闭式循环系统进入燃烧室，机油耗量增加，应进行调整、修复或更换。

2）活塞环。如活塞环磨损严重，将使机油上窜燃烧室，不仅导致柴油机冒蓝烟，也将导致耗油量增加，应对活塞环进行修复或更换。

（9）柴油机转速不稳。

柴油机转速不稳，应该首先检查以下部位并采用适宜的方法排除故障：

1）油路系统。如果油路系统存在问题，比如：堵塞、漏气、流通不畅等问题，将导致柴油机转速不稳，应疏通或堵漏。

2）喷油泵调速器。如果喷油泵调速器有故障，柴油机转速不会稳定，应调整或修复。调速器的检查和修理需要由专业人员进行。

（10）柴油机过热。

柴油机过热，应该着重检查以下部位并采用适宜的方法排除故障：

1）冷却系统。如果柴油机冷却系统有问题，比如风扇（皮带）损坏、冷却液不足、散热器堵塞等，都将导致柴油机过热，应进行调整、清洗、修复或更换。

2）机油质量和油量。如果机油质量不好或机油油量不足，也可能导致柴油机过热，应换用合格的机油或加足油量。

（11）柴油机排气管湿润或滴油。

柴油机排气管湿润或滴油，应该主要检查以下部位并采用适宜的方法排除故障：

1）喷油泵和出油阀。如果喷油泵柱塞和出油阀磨损严重，泵油压力不足，会导致喷油器雾化不良，个别缸不工作，排气管出现滴油现象，应进行修复或更换。

2）喷油器。如果喷油器滴油或雾化不良，会使相应缸启动时不工作，喷气管会有滴油现象，应进行调整或更换。

3）气门间隙和活塞环。如果气门间隙不对或活塞环磨损严重，将降低气缸压缩压力，使启动时个别气缸不工作，排气管可能湿润或滴油，应进行调整、修复或更换。

4）一般情况下，低温低速运转时间太长，也可能导致排气管湿润或滴油，但只要带负荷工作后排气管不再湿润，则低温低速运转时出现的排气管温润或滴油属于正常情况，不需要专业检查和排除。

（12）柴油机机油越用越多。

如出现柴油机机油越用越多且机油中有柴油味道时，应该检查以下部位并采用适宜的方法排除故障：

1）喷油泵柱塞和出油阀。如果柱塞和出油阀磨损严重，将导致柴油泄漏并进入喷油泵凸轮轴室，进而进入油底壳，出现的现象就是机油越用越多，应进行修复或更换。

2）低压柴油泵轴。如果该轴密封损坏，也将导致柴油进入油底壳，应进行修复或更换。

3）喷油嘴。如果喷油嘴严重滴油，致使相应缸不工作，长时间运行也可能导致柴油机机油越用越多，应进行修复或更换。

7. 柴油机的保养维护

在日常使用中，保养柴油机显得尤为重要，这直接影响着柴油机的使用寿命、生产效率及生产成本。柴油机的保养主要涉及净化腔和增压器的保养。

（1）净化腔保养。

按规定每工作500h后，就要清洗油道，并清除净化腔中的脏物。清除时拆除飞轮和轴承盖，拧下净化腔右边的螺丝堵头，用铁丝钩出脏物，并用机油枪喷射柴油进行清洗，然后上紧螺丝堵头并锁定。在柴油机工作中螺丝堵头松动，就会引起漏机油，导致烧瓦。

当柴油机的净化腔两端不是螺丝堵头，而是由两个圆形铁盖堵死时。清洗时应将净化腔一端的铁盖拆下来，清完脏物后，另做新闷头堵上。闷头外缘与腔孔应有一定的紧度，以防漏油。

（2）增压器保养。

在柴油机使用中，应经常检查并紧固增压器三壳体之间的螺栓，消除漏油、漏气现象。柴油机每工作500～1000h，应卸下柴油机增压器，检查转子是否旋转灵活，增压器进、回油口有无积炭，并仔细清除干净，确保柴油机机油畅通无阻。

刮除沉积在压气机喉口上的微小尘埃，清洗中间壳水夹层中的水垢、气封道及油腔，清除涡轮、喷嘴环及涡轮壳内的积炭，清洗各气封件和油封件，并检查柴油机损伤情况，必要时予以更换。拆装柴油机增压器时，由于柴油机涡轮壳与压气机壳均为薄壁铸件，切忌摔打碰撞，必要时应用木槌轻敲，不可使用铁器，以防击破。

总装时要保持柴油机清洁，不可让杂物落入壳体内腔或管道中。柴油机中间壳上的机油进、出油口应垂直安装，出油管从增压器接出后应逐渐弯曲接到曲轴箱去，中间不得有“死弯”，以防回油不畅通而使机油向涡轮室或压气机室渗漏。

六、控制柜

水泵控制柜有一控一、一控多等多种型号，农用机井的控制柜一般为一控一，其安装调试的要点有以下几个方面。

（1）核对功率等级，泵、柜要相符。

（2）检查柜内元件是否脱落，接线是否有不牢、不良的迹象，如果有应予以排除。

（3）按图纸要求接好与水泵控制柜有关的柜外电气元件。

（4）接好电源进线（包括零线、地线）及控制柜到水泵电机的电源线及地线，其规格要满足水泵长期工作的用电量要求。

（5）把水泵控制柜内一次回路的接线重新上紧一遍（一次回路就是从电源输入到负载输出的主回路），因为柜内接线在运输途中有可能松动，而且使用中由于接触器经常吸合，工作振动较大，时间长了也容易造成接线松动，一次回路的接头不紧，会产生发热直至烧坏线路和元件，继而影响水泵电机。

（6）在调试没有把握的情况下，可以先进行控制箱的空载试验，即不接水泵电动机，看控制箱的动作是否正确，确认无误后再接水泵电机。

（7）将转换开关置于手动挡，并观察使水泵点动运行是否运转，运行情况是否正常；若水泵已装入水，开机后，派人在出水口查看是否正常出水，正常出水说明是正转，注意试转时间要短，以免损坏水泵。

（8）正式试运转，观察控制箱指示灯和仪表的状态是否正常，运行几个小时后观察电机温升是否正常，必要时做一次三相输出电流的测量，以检查水泵控制柜各项功能是否能达到要求。

第七章

机井安全管理与档案管理

一、机井安全管理

机井安全管理包括配套机电设备安全管理和水井安全管理两个环节。

1. 机电设备使用安全管理

（1）使用电气设备时，必须事先检查开关、电机及机械设备，各部分应安置妥当。

（2）开始工作或停止工作时，必须将开关关闭到位。

（3）更换保险丝时，要按负荷选用保险丝，不准加粗或以铜丝代替使用。

（4）电气开关箱内，不准放任何物品。

（5）严禁用导电器具洗扫电器和用湿布擦洗电器。

（6）凡电器动力设备超过允许温度时，应立即停止运行。

（7）禁止水洒在电气设备和线路上，以防漏电。

（8）使用的机电设备的金属外壳，必须安装接地线。

（9）严禁用湿手分、合开关或接触电器设备。

（10）当水泵运行过程中出现故障时，必须在断电的情况下进行检修，并在配电盘开关闸刀上悬挂“正在检修”的警示牌。

2. 水井安全管理

水井是重要的农田灌溉水源工程，在农业生产方面发挥了巨大作用，但是水井又遍布田间地头，不便于管理，水井事故频繁出现，给人民群众生命财产安全带来隐患。切实做好农用水井安全治理工作，应注意以下几个方面。

（1）按照《机井技术规范》（GB/T 50625—2010）要求，重视护井工程建设。

（2）水井必须设置井台和井盖，保证非灌溉季节井盖上井。

（3）井口应高出地面 0.2～0.3m，保证井口位置醒目。

（4）对已报废的水井，所有权单位和个人必须及时进行回填或封堵。

（5）水井要固定专人管理，切实加强对现有水井安全巡察，对于无井盖或井盖损坏的要立即加牢井盖。

（6）加强水井安全宣传教育工作，提高群众安全意识。

二、机井档案管理

建立机井工程档案是一项十分重要的工作，是搞好机井管理的基础工作之一，应予以高度重视。一般应由村组机井管理组织指定专人负责此项工作。机井档案一般一式三份，村组管理组织、乡水利站、县水利（务）局各保存一份。

机井档案包括以下内容：

（1）机井位置。所在县、乡、村及具体地理位置。

（2）机井概况。建井时间，井型、井径，井深，静水位，含水层厚度与位置，取水类型（潜水、承压水、混合取水），管材类型。

（3）配套情况。配套时间，承包人姓名及责任制形式，水泵型号，额定流量、扬程，动力机型号、功率，配用管道直径、材质、吸水管长度、扬水管长度，电气仪表和量水设施配备情况。

（4）护井工程情况。井房面积、结构，有无井台、井盖、出水池、防护设施情况。

（5）工程效益。受益地块，有效灌溉面积。

（6）工程投资。打井费、机泵费、低压线路费、护井工程费、量水设施费等。

（7）机井经济技术指标。动水位、净扬程、出水量、能源单耗、灌水定额、灌溉水利用系数、灌溉成本、年开机时数。

（8）机井变化情况。对该情况应做出记录存查，同时要做好运行记载。

参 考 文 献

[1] 水利部农村水利司，中国灌溉排水发展中心. 节水灌溉工程实用手册 [M]. 北京：中国水利水电出版社，2005.

[2] 水利部农村水利司. 机井技术手册 [M]. 北京：中国水利水电出版社，1995.

[3] 中华人民共和国水利部. GB/T 50625—2010 机井技术规范 [S]. 北京：中国计划出版社，2010.